典型顺层岩质水库滑坡隐患综合遥感识别方法与实践

黄海峰　易　武　张国栋　易庆林　著

国家自然科学基金区域创新发展联合基金重点支持项目"鄂西山区大型水库复活型滑坡侵蚀致灾机制与生态防控"（U21A2031）

三峡库区地质灾害教育部重点实验室（三峡大学）开放基金课题"三峡库首砂泥岩顺层岸坡地质灾害隐患的综合遥感识别与监测研究"(2020KDZ09)

水电工程智能视觉监测湖北省重点实验室开放基金项目"三峡水库顺层岩质滑坡的无人机遥感精细化识别与监测方法研究"（2020SDSJ02）

宜昌市地质灾害综合防治体系建设项目"宜昌市三峡库区顺层岩质滑坡隐患综合遥感识别与监测预警试点"（SDHZ2020037）

等　联合资助

U0287523

科 学 出 版 社

北　京

内 容 简 介

本书以三峡库首秭归向斜盆地典型顺层岸坡段为工作区，按照以孕灾环境与模式分析为基础、以综合遥感隐患识别技术为支撑的思路与方案，开展典型顺层岩质水库滑坡隐患的综合遥感识别方法与实践研究。首先通过归纳区域地质环境与地质灾害发育概况以掌握孕灾背景；再对地形地貌、地质构造、斜坡结构等进行调查分析以查明孕灾环境；同时重点通过地质结构条件分析与总结来揭示典型孕灾模式，继而建立综合遥感判识标志；以此为基础，采用定量易发分区评价与定性目视解译相结合的方法，圈定易发靶区并将其作为识别重点区；接着，综合采用高分光学卫星遥感、合成孔径雷达干涉、无人机摄影测量等技术方法，开展隐患探测与识别；最后，通过地面核查判识最终实现隐患识别，并提出管控建议。

本书可供灾害地质、工程地质、遥感地质等相关领域的生产、科研人员及相关专业本科生与研究生参考和使用。

图书在版编目（CIP）数据

典型顺层岩质水库滑坡隐患综合遥感识别方法与实践/黄海峰等著. —北京：科学出版社，2023.2
  ISBN 978-7-03-074610-8

Ⅰ.① 典… Ⅱ.① 黄… Ⅲ.① 三峡水利工程-水库-岩质滑坡-研究
Ⅳ.① TV697.3 ②P642.22

中国版本图书馆 CIP 数据核字（2022）第 254984 号

责任编辑：何 念 张 湾/责任校对：高 嵘
责任印制：彭 超/封面设计：苏 波

科学出版社 出版
北京东黄城根北街 16 号
邮政编码：100717
http://www.sciencep.com

武汉精一佳印刷有限公司印刷
科学出版社发行 各地新华书店经销
*
开本：787×1092 1/16
2023 年 2 月第 一 版 印张：12 1/4
2023 年 2 月第一次印刷 字数：289 000
定价：128.00 元
（如有印装质量问题，我社负责调换）

前　言

从 2003 年三峡水库蓄水以来,库首秭归向斜盆地区域先后发生了千将坪滑坡(2003 年 7 月 13 日)、泥儿湾滑坡(2008 年 11 月 5 日)、杉树槽滑坡(2014 年 9 月 2 日)、卡门子湾滑坡(2019 年 12 月 10 日)等顺层岩质水库滑坡,甚至在本书撰写过程中又发生了小岩头滑坡(2021 年 8 月 28 日)。这类顺层岩质水库滑坡灾害通常前兆不明显,但一般规模较大、突发性强、破坏性强,因此始终对三峡大坝安全运营、库区人民生命财产安全及当地社会经济发展构成严重威胁。

我国地质灾害防治工作历来受到党和国家的高度重视。2016 年 7 月,习近平总书记就防灾减灾救灾工作提出了"两个坚持、三个转变"的重要要求,指出要"坚持以防为主、防抗救相结合,坚持常态减灾和非常态救灾相统一,努力实现从注重灾后救助向注重灾前预防转变,从应对单一灾种向综合减灾转变,从减少灾害损失向减轻灾害风险转变,全面提升全社会抵御自然灾害的综合防范能力。"在这一重要指导思想下,从 2018 年至今,新组建的自然资源部围绕搞清楚地质灾害"隐患点在哪里""什么时候可能发生"的核心需求,大力推进地质灾害隐患识别与监测预警工作。

正是在上述背景下,为进一步提升针对三峡库首区域地质灾害,尤其是早期变形迹象不明显但突发性强的顺层岩质水库滑坡隐患的早期识别能力,在国家自然科学基金区域创新发展联合基金重点支持项目"鄂西山区大型水库复活型滑坡侵蚀致灾机制与生态防控"(U21A2031)、三峡库区地质灾害教育部重点实验室(三峡大学)开放基金课题"三峡库首砂泥岩顺层岸坡地质灾害隐患的综合遥感识别与监测研究"(2020KDZ09)、水电工程智能视觉监测湖北省重点实验室开放基金项目"三峡水库顺层岩质滑坡的无人机遥感精细化识别与监测方法研究"(2020SDSJ02)、宜昌市地质灾害综合防治体系建设项目"宜昌市三峡库区顺层岩质滑坡隐患综合遥感识别与监测预警试点"(SDHZ2020037)等的联合资助下,开展了三峡库首秭归向斜盆地区域顺层岩质水库滑坡隐患的综合遥感识别研究,本书即相关研究成果的系统归纳与总结,希望能借此实践为地质灾害隐患识别工作提供一定的参考和借鉴。

全书共分 7 章,第 1 章在阐述三峡库首顺层岩质水库滑坡发育现状及顺层岩质滑坡隐患早期识别研究现状的基础上,介绍典型工作区及顺层岩质水库滑坡隐患综合遥感识别整体实施过程;第 2 章总结、分析区域地质环境概况及现有地质灾害发育与防治现状;第 3 章分别针对三处工作区,从地形地貌、地层岩性与工程地质岩组、地质构造、斜坡结构等方面对顺层岩质水库滑坡的孕灾环境进行详细分析与归纳总结;第 4 章以工作区内现有代表性顺层岩质水库滑坡为对象,以孕灾结构与物质组成条件为重点,总结并建立起区内顺层岩质水库滑坡灾害的典型孕灾模式,进而提出综合遥感判识标志;第 5 章基于对孕灾环境与孕灾模式的认识，采用定量易发分区评价与定性目视解译相结合的方法，在工作区内进一步圈定易发靶区并将其作为隐患识别重点区；第 6 章详细论述采用高分光学卫星遥感、合成孔径雷达干涉及无人机摄影测量等综合技术手段，开展地质灾害隐患综合遥感探测与识别的技术流程和方法；第 7 章介绍通过地面核查判识来最终实现隐患识别的方法，并提出相应管控建议。

本书的出版得到了湖北长江三峡滑坡国家野外科学观测研究站、三峡库区地质灾害教育部重点实验室、水电工程智能视觉监测湖北省重点实验室、宜昌市自然资源和规划局、宜昌市地质环境监测站等的大力支持。在应用研究和本书撰写过程中，三峡大学王乐华教授、邓华锋教授、王世梅教授、张业明教授、雷帮军教授、宋琨教授、刘艺梁副教授、左清军副教授，宜昌市自然资源和规划局唐作友高级工程师、黄照先高级工程师、庞威高级工程师、徐子一高级工程师、邓永煌工程师，宜昌市地质环境监测站张端淼高级工程师、董志鸿工程师、柳青工程师等均给予了悉心指导；中国地质调查局地质环境监测院黄学斌教授级高级工程师，湖北省地质学会马霄汉教授级高级工程师，湖北省自然资源厅田大佑教授级高级工程师，中国地质调查局武汉地质调查中心潘伟教授级高级工程师、付小林教授级高级工程师、叶润青教授级高级工程师，湖北省宜昌地质环境监测保护站肖春锦教授级高级工程师，湖北省鄂西地质勘察设计院有限公司许汇源教授级高级工程师，湖北省地质局水文地质工程地质大队张华庆教授级高级工程师等均给予了很好的建议；贾雨欣、方熠、王悦、汪志雄、黄陈刚、李强、朱宇航、赖鹏、周红、王家秀、赵蓓蓓、薛蓉花、仪政等研究生和本科生，承担了大量的现场调查、无人机调查与室内成果数据处理及分析等工作。在此一并表示衷心感谢！此外，还要特别感谢湖北长江三峡滑坡国家野外科学观测研究站三峡库区秭归县和兴山县地质灾害监测预警工程项目团队的所有技术人员，包括卢书强副教授、尚敏副教授、邓茂林副教授、涂国保高级工程师、夏永忠高级工程师、何祥高级工程师、赵明贵高级工程师、黄晓虎讲师、郭飞讲师、左金林工程师、李刚工程师、王强工程师、王炼工程师等，他们为本书的相关分析提供了丰富的专业监测数据、资料和宝贵的实践经验。

开展地质灾害隐患识别不仅需要地质工程等专业理论知识，还要求掌握综合遥感等专业技术方法，是典型的多学科交叉融合领域，同时既要有对地质灾害成因机理、机制的深刻认识，又要具备丰富的实践经验。因此，尽管作者在实践和成书过程中做出了努力，但由于水平有限，书中仍难免存在不妥之处，敬请读者批评指正。

作 者

2022 年 3 月 7 日于宜昌

目　录

第 1 章

绪　　论

1.1 三峡库首顺层岩质水库滑坡发育现状

顺层岩质水库滑坡灾害一般前兆不甚明显，但通常规模较大、突发性强、破坏性强，因此容易造成重大损失，典型的有 1961 年 3 月 6 日我国湖南省柘溪水库发生的塘岩光滑坡（金德镰和王耕夫，1986）、1963 年 10 月 9 日发生的意大利瓦依昂水库滑坡（Müller-Salzburg，1987）及 2003 年 7 月 13 日我国三峡水库发生的千将坪滑坡（Wang et al.，2004）等。因此，顺层岩质水库滑坡灾害始终是大型水利水电枢纽工程建设与运营过程中的重大隐患。

三峡库区坝首区域，地质灾害密集频发，尤其是距三峡大坝上游最近仅 30 km 的秭归向斜盆地，属扬子准地台（Ⅰ）上扬子台褶带（Ⅱ）鄂中褶断区（Ⅲ）秭归台褶束（Ⅳ）的主体（王治华 等，2003），发育一套由侏罗系—三叠系砂岩、泥岩"软硬相间"互层组合构成的内陆湖相"红层"碎屑岩沉积地层，而且长江自西向东从其南端穿过且伴多条支流。构造强烈、地层易滑、水库蓄水、集中降雨等，使该区域成为三峡库首顺层岩质水库滑坡发育的"重灾区"（图 1.1）。

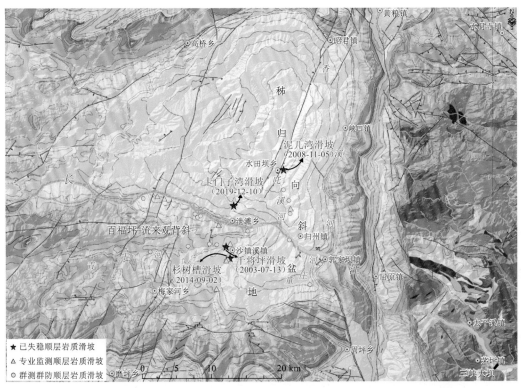

图 1.1 三峡库首秭归向斜盆地区域地质概况及典型顺层岩质水库滑坡灾害分布

据不完全统计，从 2003 年三峡水库首次蓄水至今，在该区域实施监测预警的灾害体就超过 20 处，其中专业监测至少 8 处、群测群防至少 16 处。与此同时，仍然至少发生了 4 次突发失稳破坏事件（图 1.2），包括 2003 年 7 月 13 日的千将坪滑坡（Wang et al.，2004）、2008 年 11 月 5 日的泥儿湾滑坡（赵能浩和易庆林，2016；田正国和卢书强，2012）、2014 年 9 月 2 日的杉树槽滑坡（Huang et al.，2019；Xu et al.，2015）、2019 年 12 月 10 日的卡门子湾滑坡（Yin et al.，2020）等。

（a）千将坪滑坡　　　　　　　　　　　（b）泥儿湾滑坡

（c）杉树槽滑坡　　　　　　　　　　　（d）卡门子湾滑坡

图 1.2　三峡库区秭归向斜盆地区域典型顺层岩质水库滑坡全貌

这些顺层岩质水库滑坡的破坏轻则严重影响当地人民的正常生产生活，重则造成重大经济损失，其中千将坪滑坡还造成 14 人死亡、10 人失踪的重大人员伤亡（Wang et al.，2004）。总之，这些集中发育于秭归向斜盆地且极具隐蔽性、突发性与危害性的顺层岩质水库滑坡灾害，仍持续性地严重威胁着三峡工程与库区人民生命财产安全及当地社会经济发展。

1.2　顺层岩质滑坡隐患早期识别研究现状

根据我国地质灾害防治经验及在三峡库区的成功实践，将处于变形阶段的灾害体纳入监测预警范围或采取工程治理等措施，无疑仍是破解顺层岩质水库滑坡防治难题的有效手段，但这首先依赖于对灾害体的有效识别。然而，不同于伴有显著变形迹象的临滑状态识别或已滑的破坏状态识别，对隐患体实施从孕灾启动到突发破坏之前的"早期识别"更为关键（许强 等，2022；许强，2020；Ouyang et al.，2019；葛大庆 等，2019；殷跃平，2018）。

从 1963 年意大利瓦依昂水库滑坡发生开启对顺层岩质滑坡的相关研究以来，获得了一些重要认识。

（1）灾害体破坏、失稳突发且快速，但整个变形演化是一个渐进破坏过程（Müller-Salzburg，1987；Belloni and Stefani，1987），通常会表现出渐进蠕变特性（唐朝晖 等，2021；刘新荣 等，2020；邹宗兴 等，2012），而这一过程可达数年至数十年，甚至更长（李为乐 等，2019）。

（2）孕灾体地形地貌特征不明显，早期变形迹象也不显著，而且极具隐蔽性（董秀军 等，2020；李为乐 等，2019；张永双 等，2018；黄润秋 等，2017）。

（3）具有显著区域性特点，与孕灾（地质）环境密切相关（邹宗兴 等，2012；李守定 等，2007），具有特定孕灾结构与对应的孕灾（动态演化）模式（王兰生，2004）。认识和掌握这些特征与规律，是有效识别的前提和基础（许强 等，2019；黄润秋 等，2017）。

（4）仅靠人工地面排查识别远远不够，必须充分利用现代遥感技术，并将其作为有效识别的重要技术支撑（许强 等，2022；许强，2020；许强 等，2019；葛大庆 等，2019；张勤 等，2017；范一大 等，2016；Tofani et al.，2013；童立强和郭兆成，2013）。

因此，要实现对三峡库区秭归向斜盆地顺层岩质水库滑坡的早期识别是可能的，但需要解决两个关键问题：①从理论上厘清灾害成因机理与变形机制，进而了解特定孕灾环境，掌握特定孕灾结构及其对应的特定孕灾模式与规律；②从技术上发掘能够探测到不显著渐进蠕变特征并可有效识别的遥感手段与分析方法。

对于①，研究成果丰富，集中体现在从地质特征和力学机制出发建立的各类斜坡岩体变形破坏模式（黄润秋，2007；晏鄂川和刘广润，2004；王兰生，2004；刘广润 等，2002；晏同珍 等，2000；崔政权和李宁，1999；佴磊和汪发武，1991；孙玉科和姚宝魁，1983），其中尤以张倬元等（1994）、王兰生（2004）提出的 6 类模式最具代表性。对于三峡库区的顺层边坡，长期以来也较广泛、深入地开展了以滑移（弯曲）-剪断型（黄润秋，2007）[或称拱溃型（陈自生，1991）、溃曲型（佴磊和汪发武，1991）等]为典型代表的各类模式研究（邓永煌 等，2018；汤明高 等，2016；肖诗荣 等，2013；柴波和殷坤龙，2009；李远耀，2007；刘广润 等，2002）；对于与秭归向斜盆地砂泥岩物质组成相同的"红层"顺层岩质滑坡也有大量研究成果（吴琼 等，2019；张涛 等，2017；卢远航，2016；易靖松，2015）。无疑，这些成果可以直接为早期识别提供重要理论基础和实施依据。但近年来，具有"新"结构和"新"模式的杉树槽滑坡（Huang et al.，2019；Xu et al.，2015）、卡门子湾滑坡（Yin et al.，2020；何钰铭 等，2020）等顺层岩质水库滑坡灾害的相继发生，说明对秭归向斜盆地这一特定区域内的顺层岩质水库滑坡模式的认识和总结还不全面。

对于②，近年来在基于天—空—地一体化综合遥感的重大地质灾害隐患早期识别技术思路下（许强 等，2022；许强，2020；许强 等，2019；刘传正，2018；殷跃平，2018；范一大 等，2016），高分光学卫星遥感（陆会燕 等，2019；李为乐 等，2019；Yang et al.，

2019；Lacroix et al.，2018；Ma et al.，2016）、合成孔径雷达干涉测量（interferometric synthetic aperture radar，InSAR）（周定义 等，2021；李梦华 等，2021；Notti et al.，2021；冯文凯 等，2020；陆会燕 等，2019；李振洪 等，2019；Intrieri et al.，2018；张路 等，2018；王桂杰 等，2011）、激光雷达（light detection and ranging，LiDAR）探测与测量（佘金星 等，2021；董秀军 等，2020；Mezaal and Pradhan，2018；Różycka et al.，2015；谢谟文 等，2014；Jaboyedoff et al.，2012）、无人机摄影测量（吕权儒 等，2021；黄海峰 等，2020，2017a，2017b；Huang et al.，2017a，2017b；Al-Rawabdeh et al.，2016；Turner et al.，2015；李德仁和李明，2014；Niethammer et al.，2012）等丰富的技术手段开始被大量应用于地质灾害识别。但目前以灾后（知道了灾害体的具体位置和范围之后）进行的技术可行性验证为主，距离落地实用尚远，针对顺层岩质滑坡的早期识别尤甚，原因在于：作为以地表识别为主的遥感方法，首先必须具备对地表覆盖和地表形态两方面表征（包括静态特征与动态变化）进行有效探测的数据支撑与分析方法，然后还要有从探测结果中对真实孕灾体进行有效识别的判识标志。然而对处于孕灾早期还未发育完全的孕灾体（边界未完全形成，不能成为区别于周边斜坡环境的独立表面）来说，其两方面表征均极不显著，标志更不明确。换言之，面临两个突出矛盾：①缺乏足够精细化、多类型遥感数据及综合分析手段，无法对不显著表征进行有效探测；②缺乏具有普遍性的遥感统一判识标志，无法对早期孕灾体进行有效识别（Görüm，2019；童立强和郭兆成，2013）。

当前，面临新的地质灾害防控形势，我国地质灾害防治工作模式也正在发生转换。2016 年 7 月 28 日，习近平总书记在视察唐山市时就防灾减灾救灾工作做出重要指示，提出了"坚持以防为主、防抗救相结合，坚持常态减灾和非常态救灾相统一，努力实现从注重灾后救助向注重灾前预防转变，从应对单一灾种向综合减灾转变，从减少灾害损失向减轻灾害风险转变，全面提升全社会抵御自然灾害的综合防范能力"的"两个坚持、三个转变"重要要求。2016 年 12 月 19 日，中共中央、国务院下发并实施了《关于推进防灾减灾救灾体制机制改革的意见》。2018 年 10 月 10 日，习近平总书记又在中央财经委员会第三次会议上发表重要讲话，指出要"坚持预防为主，努力把自然灾害风险和损失降至最低"，"要建立高效科学的自然灾害防治体系，提高全社会自然灾害防治能力"，并提出针对关键领域和薄弱环节，推动建设若干重大工程，其中就包括"实施灾害风险调查和重点隐患排查工程，掌握风险隐患底数；……；实施自然灾害监测预警信息化工程，提高多灾种和灾害链综合监测、风险早期识别和预报预警能力"。

2018 年，新组建的自然资源部和应急管理部先后多次召开专题会议，讨论了地质灾害防治问题。自然资源部陆昊部长提出地质灾害防治的"四步"工作方案，即研究原理、发现隐患、监测隐患、发布预警。同时强调，当前防范地质灾害的核心需求是要搞清楚"隐患点在哪里""什么时候可能发生"。之后，从 2018 年开始至 2021 年，自然资源部在每年发布的关于做好地质灾害防治工作的通知中，均重点强调了要做好隐患识别工作，而且目标越来越明确、力度越来越大。例如，在《自然资源部办公厅关于做好 2018 年地质灾害防治工作的通知》（自然资办发〔2018〕2 号）中提出，"要大力提升地质灾害隐患排查技术水平，破解地质灾害隐患发现难、认识难的问题"。在《自然资源部办公厅关于做好 2019 年地质灾害防治工作的通知》（自然资办函〔2019〕547 号）中提出，要"深入推进地质灾害风险调查与隐患排查"，"力争通过三年工程实施，显著提高地质灾害隐患识别与风险调查科技水平，实现我国地质灾害风险调查和隐患排查全覆盖"。在《自然资源部关于做好 2020 年地质灾害防治工作的通知》（自然资发〔2020〕62 号）中进一步明确提出，要"以隐患识别和风险评价为重点，以实施地质灾害风险管控、减轻灾害风险为目标，充分利用高分辨率光学和干涉雷达（InSAR）卫星遥感、航空遥感、无人机和激光（LiDAR）观测等先进适用技术手段和高精度定位服务网、数字高程模型（DEM）等地理信息资源，全面开展地质灾害隐患识别与 1∶5 万调查和风险评价，对重点地区开展 1∶1 万精细化调查，查明风险底数，夯实防治工作基础"。在《自然资源部关于做好 2021 年地质灾害防治工作的通知》（自然资发〔2021〕44 号）中进一步强调要"狠抓隐患排查"，在"聚焦关键重点，集中发力落实"任务中，首先就是要继续"加强隐患识别，突出解决'隐患在哪里'问题。充分利用基于星载平台、航空平台、地面平台的天—空—地一体化多源立体观测体系，开展多方法、分层次、多尺度综合遥感调查，全面开展高、中易发区地质灾害隐患早期识别和地面验证,解决地质灾害隐患发现不够的问题。""二是加快风险评价，推动'隐患点+风险区双控'。……，开展新一轮区域性 1∶5 万地质灾害详细调查和人口聚集或风险较大的重点区域 1∶1 万大比例尺高精度调查评价及风险区划工作，加强地质结构分析和致灾机理研究，把那些目前没有变形迹象但是具有成灾风险的地区划分为不同程度的风险地区管控起来，既要管住已有隐患点，又要管住风险区，推进防控方式由'隐患点防控'逐步向'隐患点+风险区双控'转变，探索总结双控管理制度、责任体系和技术方法。"

综上，开展典型顺层岩质水库滑坡隐患综合遥感识别极为必要和迫切，具有重要实践价值。基于前述背景与现状分析，本书将以三峡库首秭归向斜盆地典型顺层岸坡段为工作区，以典型顺层岩质水库滑坡为主要研究对象，在查明孕灾环境、总结孕灾模式的基础上，借助高分光学卫星遥感、InSAR、无人机摄影测量等综合技术手段，结合地面调查与经验判识等，建立综合遥感识别技术方法体系，开展典型顺层岩质水库滑坡隐患综合遥感识别方法与实践研究。

1.3　典型工作区与实施过程

在综合考虑地质环境条件、岸坡结构与地质灾害分布发育特征基础上，将三峡库首秭归向斜盆地区域内三处典型顺层岸坡段作为工作区（图 1.3），具体如下。

（1）沙镇溪镇周边（青干河与锣鼓洞河交汇流域）岸坡段（编号 I 区）：南北长约 3 km，东西宽约 4 km，面积约 12 km²；区内发育的典型顺层岩质滑坡为千将坪滑坡、杉树槽滑坡。

（2）吒溪河左岸段（编号 II 区）：南北长约 8 km，东西宽约 1 km，面积约 8 km²；区内发育的典型顺层岩质滑坡为泥儿湾滑坡、马家沟 1 号滑坡。

图 1.3　三峡库首秭归向斜盆地三处典型顺层岸坡工作区分布

（3）泄滩河左岸段（编号 III 区）：南北长约 2.4 km，东西宽约 0.5 km，面积约 1.2 km²；区内发育的典型顺层岩质滑坡为卡门子湾滑坡。

研究对象以顺层岩质水库滑坡为主，而在现场调查与隐患识别时兼顾区内其他类型地质灾害，如土质滑坡、崩塌等。

按照"掌握背景现状→查明孕灾环境→揭示孕灾模式→圈定易发靶区→开展遥感探测→实现隐患识别"的过程实施（图 1.4），具体内容如下。

（1）掌握背景现状：包括收集、整理和分析掌握区域地质环境概况与工作区内地质灾害发育现状等资料及数据。作为整个工作开展的基础和起点，力求资料与数据的翔实、准确和精细，如基础地质、工程地质等图件资料的比例尺越大越好，现有地质灾害有准确边界信息要好于仅有点位信息等。另外，基础数据以空间数据为主，采用地理信息系统（geographic information system，GIS）平台和空间数据库进行统一管理，便于后续工作的高效开展，具体见"第 2 章　区域地质环境概况与地质灾害现状"。

（2）查明孕灾环境：孕灾环境是决定致灾因子时空分布特征的背景条件，也就是决定"地质灾害隐患在哪里"的关键要素，因此查明孕灾环境是开展隐患识别的重要前提条件之一。该环节主要由基于现有地质灾害分布发育特征与区域地质环境背景条件的相关性等统计分析方法实现，同时充分利用全域的高分精细化综合遥感数据（大区域可采用高分光学卫星遥感影像，小区域可采用无人机摄影测量成果等）辅助开展，另外现场踏勘调查等也是重要的手段和环节。需要注意的是，孕灾环境与灾种是相互对应的，因此孕灾环

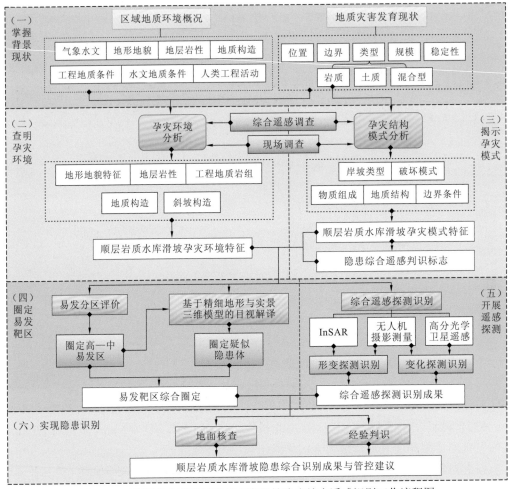

图 1.4　三峡库首典型顺层岩质水库滑坡隐患综合遥感识别工作流程图

境的分析应针对不同灾种（如滑坡与崩塌、岩质滑坡与土质滑坡等）去分别实施。本书的主要识别对象为顺层岩质水库滑坡，因此在孕灾环境分析时也主要针对此类灾害进行，具体见"第3章　顺层岩质水库滑坡孕灾环境分析"。

（3）揭示孕灾模式：揭示孕灾模式是开展地质灾害隐患识别的另一个重要前提条件。只有深刻认识到了特定地质环境背景条件下可能发育的地质灾害隐患模式，才有可能在并未触发或并未发生明显变形的早期阶段将其识别出来。本环节主要采用工程地质类比方法开展，具体来说，就是以区内已知典型代表性灾害体为对象，从岸坡类型、破坏模式、物质组成、地质结构、边界条件等方面进行详细综合分析与归纳总结，进而抽象、概化出相应模式；然后以此为基础，进一步归纳顺层岩质水库滑坡的孕灾模式特征及其共同表现特征，进而建立起该类隐患的综合遥感判识标志，并作为后续隐患识别的重要依据，具体见"第4章　顺层岩质水库滑坡典型孕灾模式及其综合遥感判识标志"。

（4）圈定易发靶区：实施本步骤的重要目的在于，在工作区内进一步圈定出顺层岩质水库滑坡隐患易发概率大的靶区，以作为后续隐患识别的重点区，真正做到有的放矢，确保识别效率与识别精度。具体实施时采用了易发分区评价和基于精细地形与实景三维模型的目视解译相结合的方法，其中通过易发分区评价可以首先圈定出高—中易发区，然后基于无人机摄影测量获得的数字地形、实景三维模型等精细化遥感成果，依据综合遥感判识标志，充分利用目视解译与经验判识等方法，可以进一步实现对疑似隐患体的圈定，具体见"第 5 章 顺层岩质水库滑坡隐患易发靶区圈定"。

（5）开展遥感探测：高分遥感探测技术是实现大空间尺度下地质灾害隐患识别的重要支撑技术，因此开展综合遥感探测识别必不可少。本书充分利用了天基与空基遥感相结合的调查识别方法，包括基于 InSAR 形变探测的隐患识别、基于高分光学卫星遥感影像变化探测的隐患识别，以及基于无人机摄影测量多源类型成果的隐患识别等技术方法与分析手段，具体见"第 6 章 地质灾害隐患综合遥感探测与识别"。

（6）实现隐患识别：结合易发靶区综合圈定成果与综合遥感探测识别成果，通过地面核查与经验判识，去伪存真，以实现最终的隐患识别，编制相应图件，并提出针对性的管控处置措施建议，具体见"第 7 章 地质灾害隐患综合识别与管控建议"。

1.4 本 章 小 结

顺层岩质水库滑坡灾害一般前兆不甚明显，但通常规模较大、突发性强、破坏性强。三峡库首秭归向斜盆地区域构造强烈、地层易滑，地质环境本就脆弱，加之水库蓄水与水位大幅升降、集中降雨、人类工程活动等影响，使该区域成为包括顺层岩质水库滑坡在内的地质灾害易发、高发区。

为有效破解顺层岩质水库滑坡灾害的防治难题，开展隐患早期识别极有必要和迫切。相关研究和应用也表明这是可能的：一方面，大量斜坡岩体孕灾环境与模式的提出和建立为揭示此类灾害的成因机理及变形破坏机制奠定了坚实的理论基础；另一方面，近年来多源立体遥感观测技术的飞速发展为实现基于天—空—地一体化综合遥感的地质灾害隐患早期识别提供了坚实的技术支撑。同时，随着我国地质灾害防治工作模式正"从注重灾后救助向注重灾前预防转变"，当前防范地质灾害的核心需求是要搞清楚"隐患点在哪里""什么时候可能发生"，地质灾害隐患的早期识别得到了空前重视。

本书以三峡库首秭归向斜盆地三处典型顺层岸坡段为工作区，以典型顺层岩质水库滑坡为主要研究对象，按照掌握背景现状、查明孕灾环境、揭示孕灾模式、圈定易发靶区、开展遥感探测、实现隐患识别的实施过程，开展典型顺层岩质水库滑坡隐患的综合遥感识别方法与实践研究。

第 2 章

区域地质环境概况与地质灾害现状

2.1 区域地质环境概况

2.1.1 气象水文

1. 气象

工作区在行政区划上隶属于湖北省宜昌市秭归县，该县地处亚热带季风气候区，气候温和湿润，雨量充沛，四季分明，春温多变，初夏多雨，伏秋多旱，冬暖少雨雪。县内各地气温差异明显，年平均温度在 6.0～18.3 ℃。其中，属于三峡库区的归州镇、茅坪镇、屈原镇、郭家坝镇、沙镇溪镇、泄滩乡、水田坝乡，年平均气温在 17.4～18.3 ℃；南部的杨林桥镇、九畹溪镇、两河口镇为 15～17 ℃；西南部的梅家河乡、磨坪乡则在 12～13 ℃。

秭归县多年平均降雨量为 1 493.2 mm，多年平均降雨量等值线见图 2.1，可以看出：县内多年平均降雨量由北向南大致呈从低到高逐渐增多的分布，一般多年平均降雨量在 950～1 590 mm；其中，长江三峡库区河谷地带多在 1 000 mm 左右，而个别高程在 1 500 m 以上的地区多年平均降雨量则达 1 865.2～1 904.3 mm。

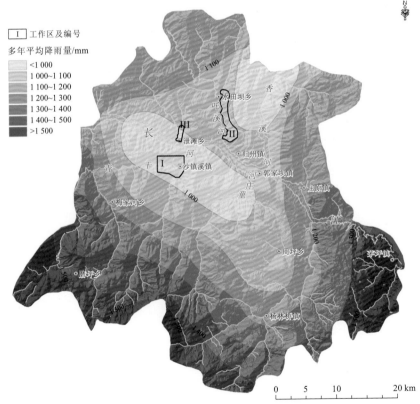

图 2.1 工作区及所在秭归县多年平均降雨量等值线图

[据湖北省地质局水文地质工程地质大队（2021）修改]

具体到三处工作区，I 区（沙镇溪镇周边岸坡段）与 III 区（泄滩河左岸段）多年平均降雨量在 1 000 mm 以内，较少；II 区（吒溪河左岸段）多年平均降雨量在 1 000～1 100 mm，稍多；整体来看，三处工作区的多年平均降雨量相较于秭归县其他区域均较少。此外，降雨日数与降雨量分布基本一致，大部分地区为 120～159 天，个别高山地区达 200 天以上。

从时间上看，降雨主要集中在每年的 4～10 月（汛期），月平均降雨量为 150.0～457.6 mm。日降雨量达 50～100 mm 的暴雨 4～10 月均有发生，100 mm 以上的暴雨主要发生在 6 月、7 月，年平均频次为 3～4 次，150 mm 以上的特大暴雨频次较少。

2. 水文

秭归县境内河流水系发育，地表水资源丰富。长江自西向东横贯全境，境内径流长 64 km，流域面积为 724.4 km²，流量丰沛，多年平均流量为 14 300 m³/s，三峡水库水位变幅巨大，每年在 145～175 m 升降。溪流网布，135 条常流溪流汇入茅坪河、九畹溪、龙马溪、香溪河、童庄河、吒溪河、青干河及泄滩河等 8 条长江支流（图 2.2），呈交错排列，构成树枝状水文网，总径流长 247.8 km，流域面积为 1 952.5 km²，占全县总面积的 80.4%；其中，最大支流为香溪河，其次为青干河、吒溪河、九畹溪。

图 2.2　工作区及所在秭归县水系分布图

三处工作区中，Ⅰ区（沙镇溪镇周边岸坡段）位于青干河与锣鼓洞河交汇区域，其中锣鼓洞河又是青干河的支流，其从南向北流经沙镇溪镇所在斜坡下部然后汇入青干河；青干河在沙镇溪镇以西段的主要流向为从西向东，至沙镇溪镇北侧对岸千将坪滑坡后，流向转向北东直至汇入长江。Ⅱ区为吒溪河左岸段，基本以水田坝乡北侧斜坡所在的谭家湾滑坡为起点，从北向南直至汇入长江口。Ⅲ区为泄滩河左岸段，以卡门子湾滑坡所在斜坡为起点，从北向南直到泄滩乡人民政府所在位置斜坡。

2.1.2 地形地貌

秭归县位于鄂西褶皱山地，地势西南高东北低，平均海拔 1 000 m 以上，山峰耸立，河谷深切，相对高差一般在 500～1 300 m。区内地貌类型见图 2.3，主要有结晶岩组成的侵蚀构造类型（A）、侏罗系砂泥（页）岩组成的侵蚀构造类型（B）、古—中生界灰岩组成的侵蚀构造类型（C）、侵蚀堆积类型（D）等。其中，三处工作区属于侏罗系砂泥（页）岩组成的侵蚀构造类型（B），山体高程多在 500～1 000 m，为中低山区，水系发育。

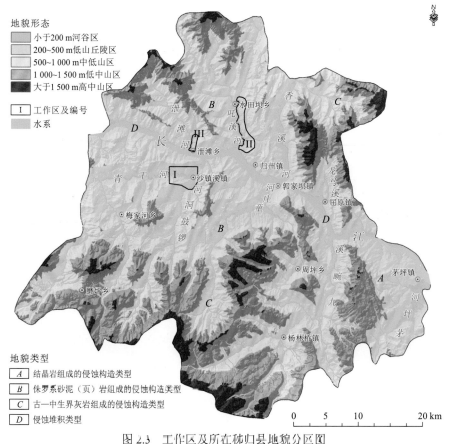

图 2.3　工作区及所在秭归县地貌分区图

[据湖北省地质局水文地质工程地质大队（2021）修改]

三处工作区的地形坡度分布见图 2.4，可以看出：沙镇溪镇周边岸坡段（Ⅰ区）的坡度多在 25° 以下，青干河两岸部分位置坡度超过 25°，甚至 40°；吒溪河左岸段（Ⅱ区）的坡度也多在 25° 以下，少数在 25°～40°，超过 40° 的很少；泄滩河左岸段（Ⅲ区）坡度相对最陡，多在 25°～40°，超过 40° 与低于 25° 的区域较少。

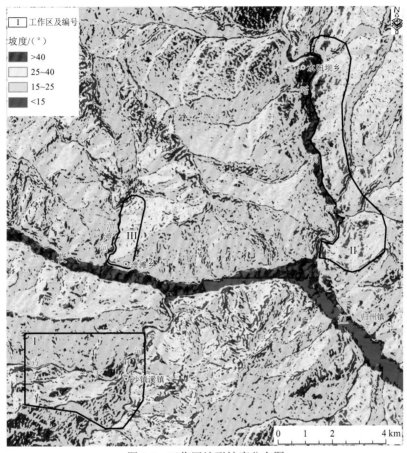

图 2.4　工作区地形坡度分布图

2.1.3　地层岩性

秭归县内地层发育齐全，自元古宇至第四系均有出露。三处工作区以侏罗系与中—上三叠统的砂岩、泥（页）岩为主（图 2.5、表 2.1）。

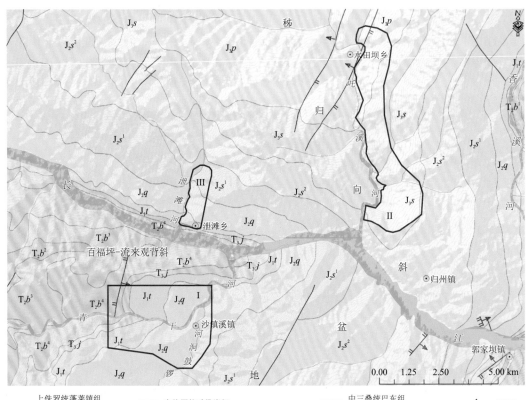

图 2.5　工作区区域地质简图

表 2.1　工作区地层岩性简表

界	系	统	地层		地层代号	岩性简述
中生界	侏罗系	上统	蓬莱镇组		J_3p	上部为紫红色泥岩、砂岩不等厚互层，下部石英砂岩夹泥砾岩
			遂宁组		J_3s	上部为紫红色泥岩、砂岩互层，中下部紫红色砂岩夹泥岩
		中统	沙溪庙组	上段	J_2s^2	上下部紫红色泥岩，中部为紫红色泥岩、砂岩互层
			沙溪庙组	下段	J_2s^1	上部灰绿色砂岩夹泥岩，下部紫红色泥岩夹砂岩
			千佛崖组		J_2q	上部黄绿色泥岩夹砂岩，下部黄绿色泥岩、粉砂岩夹介壳灰岩条带及透镜体
		下统	香溪群	桐竹园组	J_1t	以黄绿色、灰黄色砂质页岩、粉砂岩、石英砂岩为主，夹碳质页岩、煤层

图例说明：

J_3p 上侏罗统蓬莱镇组 紫红色泥岩、砂岩不等厚互层	J_2q 中侏罗统千佛崖组 砂岩夹黄绿色泥岩	T_2b^3 中三叠统巴东组 第三段紫红色厚层状泥岩、粉砂岩、砂质页岩	⤤ 正断层
J_3s 上侏罗统遂宁组 砂岩夹紫红色泥岩	J_1t 下侏罗统桐竹园组 以黄绿色、灰黄色砂质页岩、粉砂岩、石英砂岩为主，夹碳质页岩、煤层	T_2b^2 中三叠统巴东组第二段 灰色、浅灰色中厚层状灰岩、泥灰岩夹页岩、泥岩	—— 断层
J_2s^2 中侏罗统沙溪庙组上段 紫红色泥岩、砂岩互层	T_3j 上三叠统九里岗组 黄灰色、深灰色泥质粉砂岩夹碳质页岩、煤层	T_2b^1 中三叠统巴东组第一段 紫红色、灰绿色中厚层状粉砂岩夹泥岩、页岩	▭ 工作区及编号
J_2s^1 中侏罗统沙溪庙组下段 紫红色泥岩、砂岩互层	T_2b^4 中三叠统巴东组第四段 紫红色厚层状泥岩、粉砂岩、砂质页岩		▨ 水系

界	系	统	地层	地层代号	岩性简述
中生界	三叠系	上统 香溪群	九里岗组	T_3j	黄灰色、深灰色泥质粉砂岩夹碳质页岩、煤层
		中统 巴东组	第四段	T_2b^4	紫红色厚层状泥岩、粉砂岩、砂质页岩
			第三段	T_2b^3	紫红色厚层状泥岩、粉砂岩、砂质页岩
			第二段	T_2b^2	灰色、浅灰色中厚层状灰岩、泥灰岩夹页岩、泥岩
			第一段	T_2b^1	紫红色、灰绿色中厚层状粉砂岩夹泥岩、页岩

具体来看，沙镇溪镇周边岸坡段（I 区）位于秭归向斜南侧百福坪-流来观背斜南翼，因此地层主要沿北东—南西展布，按由老到新顺序，区内北西侧依次出露中三叠统巴东组第四段（T_2b^4）、上三叠统九里岗组（T_3j），岩性以粉砂岩、泥岩、页岩为主，中部为下侏罗统桐竹园组（J_1t）砂岩、页岩，以东地层则全部为中侏罗统千佛崖组（J_2q）泥岩夹砂岩；吒溪河左岸段（II 区）位于秭归向斜核部，地层分布以上侏罗统为主，其中南侧为上侏罗统遂宁组（J_3s）泥岩、砂岩，北侧接近核部为上侏罗统蓬莱镇组（J_3p）泥岩、砂岩；泄滩河左岸段（III 区）位于秭归向斜南侧百福坪-流来观背斜北翼，因此地层主要沿近东西向展布，从南（老）到北（新）地层分布依次为上三叠统九里岗组（T_3j）、下侏罗统桐竹园组（J_1t）、中侏罗统千佛崖组（J_2q）及中侏罗统沙溪庙组下段（J_2s^1），以 J_2q 与 J_2s^1 为主，岩性则以泥岩、砂岩、页岩为主。

2.1.4　地质构造

秭归县处于新华夏构造体系鄂西隆起带北端和淮阳山字形构造体系的复合部位，构造格局较为复杂（图 2.6）。作为区内的重要构造体系，新华夏系主要表现为联合弧形构造和复合式构造两种形式，前者在区内的构造形迹有百福坪-流来观背斜、茶店子复向斜，后者主要为北—北东向构造，由北—北东向压性或压扭性断裂组成，主要构造形迹为黄陵背斜、秭归向斜。

三处工作区位于秭归向斜核部与南侧百福坪-流来观背斜的南北两翼（图 2.6）。其中，沙镇溪镇周边岸坡段（I 区）位于秭归向斜南侧百福坪-流来观背斜南翼，吒溪河左岸段（II 区）位于秭归向斜核部，泄滩河左岸段（III 区）则位于秭归向斜南侧百福坪-流来观背斜北翼。除吒溪河左岸段（II 区）北缘有区域性兴山断裂斜穿之外，其余位置无明显区域性断裂构造发育。工作区内主要断裂、褶皱形迹及简要特征见表 2.2、表 2.3。

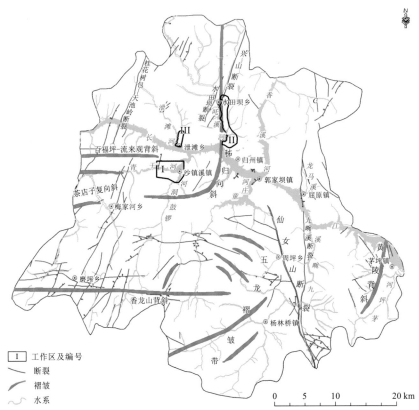

图 2.6　工作区及所在秭归县地质构造简图

[据湖北省地质局水文地质工程地质大队（2021）修改]

表 2.2　工作区内主要断裂特征表

断裂名称	性质	主断面产状	长度/km	两盘地层		主要特征描述
				南东	北西	
兴山断裂	压性	N20°～30°E/NW∠30°～40°	14	J_3p	J_3p	斜穿吒溪河左岸段（Ⅱ区）北西侧，向北东方向延伸至与兴山交界，断裂切割地层主要为三叠系、侏罗系，岩体破碎

表 2.3　工作区内主要褶皱特征表

褶皱名称	特征描述	轴向	两翼倾角		核部地层	两翼地层	备注
			南（东）翼	北（西）翼			
秭归向斜	向斜轴呈 S 形的开阔对称向斜	江北近南北向，江南近东西向	E30°以上	W16°～30°	J_3p	J_3s—T_3j	呈环形盆地，轴向长 47 km。吒溪河左岸段（Ⅱ区）位于其核部，沙镇溪镇周边岸坡段（Ⅰ区）与泄滩河左岸段（Ⅲ区）位于其南西侧
百福坪-流来观背斜	东端倾伏、西端开阔的弧形褶皱	北东 85°	S35°～50°	N38°～54°	S	T	沙镇溪镇周边岸坡段（Ⅰ区）位于其东端南翼，泄滩河左岸段（Ⅲ区）位于其北翼

因为区内多期构造叠加，所以节理极为发育，而且分布多组，具体详见第 3 章相关内容。

2.1.5　新构造运动及地震

工作区所处的区域构造环境是一个稳定程度较高的地区，自前震旦纪的晋宁运动以后直至中生代印支运动，区域地壳一直处于大面积微具振荡性的稳定沉降状态，经过中生代造山运动之后又趋于平稳，新生代以来表现为大面积的间歇性隆起和局部地段的差异性断裂活动。

按全国地震区带划分，工作区位于长江中下游地震活动区的江汉地震带内，属地震活动较弱的地震带。根据 2016 年 6 月 1 日开始实施的中华人民共和国国家标准《中国地震动参数区划图》（GB 18306—2015）（中华人民共和国国家质量监督检验检疫总局和中国国家标准化管理委员会，2015），本区地震基本烈度为 VI 度，区内地震动峰值加速度为 0.05g，反应谱特征周期为 0.35 s。自有记载以来，中强震不多，未发生过 6 级以上地震，近期工作区附近发生的最大地震为 1979 年 5 月 22 日秭归县龙会观 5.1 级地震。现今地震活动主要发生在工作区外东南的仙女山断裂，近 10 年内多次发生 4.0～4.5 级地震，但对工作区影响较小。因此，地震非工作区内地质灾害的主要诱发因素。

2.1.6　工程地质条件

根据相关资料（湖北省地质局水文地质工程地质大队，2021），以岩土体结构、力学特性及碳酸盐岩的岩溶发育程度等为依据，将工作区所在的秭归县境内岩土体工程地质类型统一划分为块状结晶岩类（代号 I）、层状碎屑岩类（代号 II）、层状碳酸盐岩类（代号 III）等 3 个岩体类型、10 个岩性组和 1 个松散土类。其中，三处工作区均属层状碎屑岩类（II），岩性以中厚—厚层状砂岩夹薄—中厚层状泥岩或互层为主，具体见表 2.4。

表 2.4　秭归县层状碎屑岩类（II）划分及特征表

［据湖北省地质局水文地质工程地质大队（2021）修改］

岩类名称	岩类代号	岩性组	岩性组代号	地层代号	工程地质特征
层状碎屑岩类	II	坚硬—较坚硬厚层砂岩岩组	II-1	D_2y+D_3h、D_2y—D_3C_1x、Z_1l	呈条带状分布于黄陵背斜西翼、香龙山背斜等地，岩性由石英砂岩、砂岩组成，夹砾岩，厚层状结构，岩质坚硬性脆，裂隙发育
		较坚硬厚层砾岩、泥砾岩岩组	II-2	K_1s、Z_1n	分布于仙女山断裂、黄陵背斜西翼，岩性为以灰岩为主的砾岩，胶结物为砂质、泥质，冰碛泥砾岩，胶结物为泥质，裂隙发育，岩体强度较坚硬，因泥钙质胶结，易风化剥落

续表

岩类名称	岩类代号	岩性组	岩性组代号	地层代号	工程地质特征
层状碎屑岩类	II	较坚硬—较软质薄—中厚层状页岩、砂岩岩组	II-3	$S_{1-2}s$、S_1lr^2、S_1lr^1、$O_3S_1l+S_1x$	分布于黄陵背斜、香龙山背斜，砂岩、砂质页岩石强度较高，透水性差；页岩易软化破碎，强度低，受构造挤压作用的页岩易变成泥状，形成泥化夹层
		坚硬—较坚硬中厚—厚层状砂岩、泥质粉砂岩与泥岩互层岩组	II-4	J_3p、J_3s、J_2q、J_2s^2、J_2s^1、J_2n	主要分布于秭归向斜，岩性以中厚—厚层砂岩、泥质粉砂岩为主，夹泥岩或互层，砂岩裂隙发育，砂质含量由下部向上部逐渐减少，而泥岩相反，泥岩易风化，岩质较软
		坚硬—较坚硬中厚—厚层状砂岩、泥质粉砂岩夹页岩煤层岩组	II-5	J_1t、T_3j	主要分布于秭归向斜，岩性以中厚—厚层砂岩、泥质粉砂岩为主，下部夹页岩、煤层，易形成崩塌
		软质薄—中厚层泥岩、泥质粉砂岩岩组	II-6	T_2b^1、T_2b^3、T_2b^4	分布于百福坪-流来观背斜、茶店子复向斜东端，由泥岩、页岩组成，岩质较软，易风化

注：D_2y+D_3h 表示中、上泥盆统并层；$D_2y—D_3C_1x$ 表示中、上泥盆统与下石炭统并层；Z_1l 表示下震旦统莲沱组；K_1s 表示下白垩统石门组；Z_1n 表示下震旦统南沱组；$S_{1-2}s$ 表示中—下志留统沙镇组；S_1lr^2 表示下志留统罗惹坪组第二段；S_1lr^1 表示下志留统罗惹坪组第一段；$O_3S_1l+S_1x$ 表示上奥陶统、下志留统并层；J_2n 表示中侏罗统聂家山组

对照表 2.4，结合图 2.5 可以看出：沙镇溪镇周边岸坡段（I 区）从南东至北西，依次属于 II-4（坚硬—较坚硬中厚—厚层状砂岩、泥质粉砂岩与泥岩互层岩组，J_2q）、II-5（坚硬—较坚硬中厚—厚层状砂岩、泥质粉砂岩夹页岩煤层岩组，J_1t、T_3j）及 II-6（软质薄—中厚层泥岩、泥质粉砂岩岩组，T_2b^4），即岩性由以砂岩为主逐步过渡到以泥岩、页岩为主，力学性质则相应地由硬变软；吒溪河左岸段（II 区）属于 II-4（坚硬—较坚硬中厚—厚层状砂岩、泥质粉砂岩与泥岩互层岩组，J_3p、J_3s）；泄滩河左岸段（III 区）由北向南，依次属于 II-4（坚硬—较坚硬中厚—厚层状砂岩、泥质粉砂岩与泥岩互层岩组，J_2s^1、J_2q）、II-5（坚硬—较坚硬中厚—厚层状砂岩、泥质粉砂岩夹页岩煤层岩组，J_1t、T_3j）。

此外，三处工作区所属的 II-4、II-5、II-6 均属于不良工程地质岩组，结构上主要表现为软硬相间，或者具有软弱基座，又或者本身就为软弱岩组。

2.1.7　水文地质条件

根据相关资料（湖北省地质局水文地质工程地质大队，2021），三处工作区的地下水以松散土体孔隙水与碎屑岩类基岩裂隙水为主。

根据岩性发育特征，碎屑岩类基岩裂隙水多在砂岩层中运移，同时以泥岩、页岩层为相对隔水层。地下水补给以大气降水补给、大气降水与地表水双重补给为主，同时直接排泄于河流。

工作区位于秭归向斜核部或百福坪-流来观背斜两翼，构造活动强烈，岩层完整性破坏严重，节理裂隙极为发育，地下水运移畅通。同时，地下水动态变化季节性明显。

2.1.8　人类工程活动

人类工程活动一方面促进了区域经济发展，另一方面也对自然生态环境造成了破坏，成为地质灾害形成与发育的主要诱因之一。近年来，随着社会经济建设的快速发展，秭归县三峡库首区域人类工程活动较为强烈，主要表现为城镇建设、交通运输建设、水利水电建设、矿业开发、居民建房等。目前，三处工作区内的主要人类工程活动如下。

（1）沙镇溪镇周边岸坡段（Ⅰ区）内的沙镇溪镇港口库岸综合治理工程（图 2.7）。该工程位于青干河大桥南侧、青干河与锣鼓洞河交汇位置，主要涉及场地平整和库岸的综合治理，对场地稳定性影响不大。

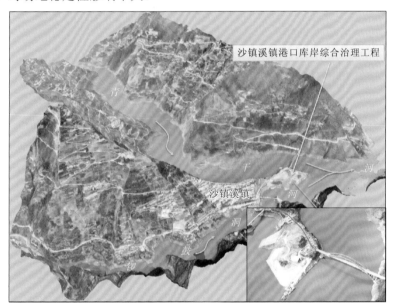

图 2.7　沙镇溪镇周边岸坡段（Ⅰ区）内的沙镇溪镇港口库岸综合治理工程

（2）吒溪河左岸段（Ⅱ区）内的归水县级公路扩宽改造工程（图 2.8）。该工程是对原沿河归水公路进行路面扩宽及改造，路面扩宽大多需要开挖内侧坡体，因此容易造成内侧边坡局部位置或路段的岩土体崩（垮）塌灾害。

（3）泄滩河左岸段（Ⅲ区）内的新建村级公路工程（图 2.9）。该工程是沿泄滩河左岸岸坡中部新建一条村级公路，新建公路开挖不可避免地造成了局部位置或路段内侧边坡岩土体的崩（垮）塌灾害。

此外，三处工作区所在的沙镇溪镇、水田坝乡、归州镇、泄滩乡等均是闻名全国的秭归脐橙的重要产地，因此岸坡上均大量种植柑橘树（图 2.10）。一年四季的柑橘种植、采摘等成为当地最主要的人类生产活动，而柑橘树的培植、灌溉等都会对坡体浅表层岩土体的稳定性造成一定的影响。

图 2.8 吒溪河左岸段（Ⅱ区）内的归水县级公路扩宽改造工程

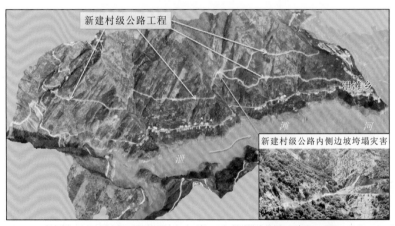

图 2.9 泄滩河左岸段（Ⅲ区）内的新建村级公路工程

综上所述，工作区区域地质环境概况如下。

（1）工作区均位于长江一级支流岸坡，多年平均降雨量在 1 000 mm 左右，吒溪河左岸段（Ⅱ区）稍多，在 1 000～1 100 mm，年降雨天数为 120～159 天；每年降雨主要集中在 4～10 月，月均降雨量在 150.0～457.6 mm；日降雨量达 50～100 mm 的暴雨 4～10 月均有发生，100 mm 以上的暴雨主要发生在 6 月、7 月，150 mm 以上的特大暴雨频次较少。

（2）地貌上，属于侏罗系砂泥（页）岩组成的侵蚀构造类型；地形上，泄滩河左岸段（Ⅲ区）坡度相对最陡，多在 25°～40°，其余两区多在 25°以下。

（3）构造上，工作区位于秭归向斜盆地南侧核部或百福坪-流来观背斜的南北两翼，区内大型断裂构造较少，但多组节理极为发育；地层岩性以侏罗系砂岩、泥（页）岩为主；地震基本烈度为Ⅵ度，区内地震动峰值加速度为 0.05g，中强震不多。

图 2.10   工作区斜坡体上种植的大量柑橘树

（4）工程地质条件方面，均属于层状碎屑岩类，岩性以中厚—厚层状砂岩夹薄—中厚层状泥岩或互层为主，为不良工程地质岩组，结构上主要表现为软硬相间，或者具有软弱基座，又或者本身就为软弱岩组。

（5）水文地质条件方面，地下水以松散土体孔隙水、碎屑岩类基岩裂隙水为主，其中碎屑岩类基岩裂隙水多在砂岩层中运移，同时以泥岩、页岩层为相对隔水层；地下水补给以大气降水补给、大气降水与地表水双重补给为主，同时直接排泄于岸坡前部的河流。

（6）工作区均有人类工程活动，主要包括港口库岸的综合治理工程、原有公路的扩宽改造工程及村级公路的新建工程等，公路的改造或新建工程会造成局部位置或路段内侧边坡岩土体的崩（垮）塌灾害；另外，坡体上的村民以种植柑橘树为主要生产活动，柑橘树的培植、灌溉等会对坡体浅表层岩土体的稳定性造成一定的影响。

总之，工作区构造发育、地层易滑，区域地质环境本就脆弱，在三峡水库水位每年30 m 的大幅升降与集中降雨等作用下，加之人类工程和生产活动的影响，容易诱发顺层岩质滑坡、土质滑坡、塌岸、崩塌等大量地质灾害。

2.2   地质灾害现状

2.2.1   地质灾害发育概况

基于地质灾害普（调）查、监测预警、工程治理等相关资料统计，目前三处工作区及其周边邻近范围内分布地质灾害共计 64 处，其中沙镇溪镇周边岸坡段 25 处、吒溪河段两岸 32 处、泄滩河左岸段（包括邻近长江岸段）7 处。灾害点具体分布见图 2.11，灾害体特征见表 2.5。

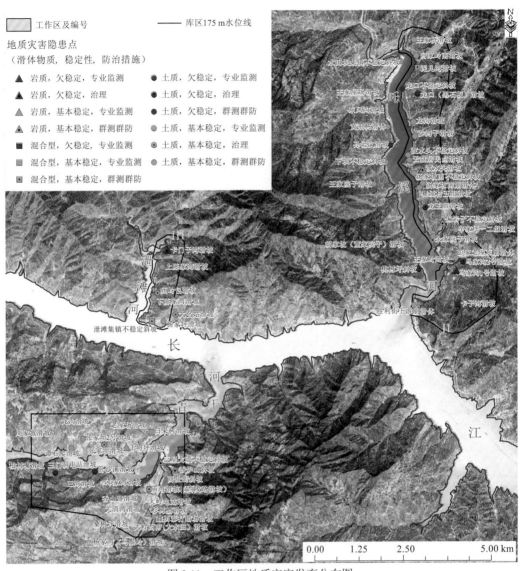

图 2.11　工作区地质灾害发育分布图

按灾害类型分，工作区主要发育滑坡与不稳定斜坡两类，其中滑坡 53 处（占比 82.8%），不稳定斜坡 11 处（占比 17.2%）。

按滑体物质组成，可分为土质（50 处，78.1%）、岩质（9 处，占 14.1%）及岩土混合型（5 处，7.8%）。

从分布河流岸坡来看，Ⅰ区（沙镇溪镇周边岸坡段）中分布于青干河左岸的灾害体为 8 处（占 12.5%），青干河右岸有 5 处（占 7.8%），锣鼓洞河左岸有 11 处（占 17.2%），锣鼓洞河右岸有 1 处（占 1.6%）；Ⅱ区（吒溪河左岸段）共发育 23 处（占 35.9%），同时吒溪河右岸发育 9 处（占 14.1%），Ⅲ区中泄滩河左岸发育 4 处（占 6.2%），长江左岸 3 处（占 4.7%）。

表 2.5　工作区地质灾害基本特征

编号	工作区	灾害名称	灾害类型	滑体物质	涉水	岸别	坡体结构	前缘高程/m	后缘高程/m	主滑方向/(°)	面积/(10⁴ m²)	体积/(10⁴ m³)	规模	稳定性现状④	稳定性发展趋势③	变形特征②	防治措施①	变形时间
1		周家坡滑坡	滑坡	土质				140	458	155	17.5	262.5	大型	基本稳定	基本稳定	—	—	2007 年 7 月
2		龙沟滑坡	滑坡	土质				150	410	183	20	120	大型	基本稳定	基本稳定	—	地质灾害综合防治体系三级监测	2003 年 6 月
3		课石爬滑坡	滑坡	土质				140	308	190	11.2	78.4	中型	基本稳定	基本稳定	—	—	2005 年 5 月
4		张家坝 2 号滑坡	滑坡	土质	青干河	左岸	顺向	145	385	140	25	500	大型	基本稳定	基本稳定	—	—	2016 年 5 月
5		老屋场滑坡	滑坡	土质				320	580	185	14	140	大型	基本稳定	基本稳定	—	—	2008 年 5 月
6	沙镇溪镇周边岸坡段 (25 处)	张家坝滑坡	滑坡	土质				119	366	172	13	185	大型	基本稳定	基本稳定	—	2003 年治理（抗滑桩+截排水沟）	1998 年
7		千将坪滑坡	滑坡	岩质				100	410	140	68.71	1718	特大型	基本稳定	基本稳定	—	库区专业监测	2003 年 7 月 13 日
8		白果树滑坡	滑坡	混合型				114	390	130~210	25.5	829	大型	基本稳定	基本稳定	—	库区专业监测	2007 年 6 月
9		柏树嘴滑坡	滑坡	土质				200	445	85	40	160	大型	基本稳定	基本稳定	—	—	2007 年 6 月
10		三门洞电站滑坡	滑坡	土质		右岸	横向	125	350	61	24.9	448	大型	欠稳定	欠稳定	整体蠕滑	库区专业监测	持续
11		三渡滑坡	滑坡	土质				430	610	20	3	18	中型	基本稳定	基本稳定	—	地质灾害综合防治体系三级监测	2000 年 12 月
12		卧沙溪滑坡	滑坡	土质				140	345	40	13.5	420	大型	欠稳定	欠稳定	前部次级滑体变形强烈	库区专业监测	持续
13		邓家湾滑坡	滑坡	土质				115	250	55	5.8	99	中型	基本稳定	基本稳定	—	—	1998 年 7 月

续表

编号	工作区	灾害名称	灾害类型	滑体物质	涉水	岸别	坡体结构	前缘高程/m	后缘高程/m	主滑方向/(°)	面积/(10⁴ m²)	体积/(10⁴ m³)	规模	稳定性现状①	稳定性发展趋势②	变形特征③	防治措施④	变形时间
14		桑树坪滑坡	滑坡	混合型				170	375	160	35	700	大型	基本稳定	基本稳定	—	地质灾害综合防治体系二级监测	2005年5月
15		彭家湾（马鬃岭）滑坡	滑坡	土质				194	330	134	3	195	大型	基本稳定	基本稳定	—	—	2014年7月
16		大清垮滑坡	滑坡	土质				170			4.5	18	中型	基本稳定	基本稳定	—	—	2012年
17		大岭凸南（大水田二）滑坡	滑坡	岩质				160	355	155	17.8	214	大型	基本稳定	基本稳定	—	库区专业监测	2005年
18		鑫勇宗打蜡场滑支	滑坡	土质	锣鼓洞河	左岸	顺向	145	185	120~170	0.3	1.8	小型	基本稳定	基本稳定	—	—	2017年7月
19	沙镇溪镇周边岸坡段（25处）	杉树凹滑坡	滑坡	岩质				145	285	76	3.9	39	中型	基本稳定	基本稳定	—	库区专业监测	2014年9月2日
20		大岭电站滑坡	滑坡	土质				145	285	76	20.7	83	中型	基本稳定	基本稳定	—	库区专业监测	2008年8月
21		香山嵌滑坡	滑坡	土质				315	372	102	3	15	中型	基本稳定	基本稳定	—	—	2008年8月
22		庙鸿背坡（西陵路）滑坡	滑坡	土质		右岸	逆向	130	380	90	17.4	170	大型	基本稳定	基本稳定	—	2015年治理（抗滑桩+挡土墙+排水沟）	1993年10月
23		商业街斜坡	不稳定斜坡	土质				120	200	120	15	30	中型	基本稳定	基本稳定	—	—	2008年8月
24		三星大道不稳定斜坡	不稳定斜坡	岩质		左岸	逆向	180	230	75	1.1	5.5	小型	基本稳定	基本稳定	—	—	2005年5月
25	吒溪河段（左岸23处、右岸9处）	香矿山斜坡	不稳定斜坡	岩质	吒溪河			150	200	290	10.8	21.6	中型	基本稳定	基本稳定	—	地质灾害综合防治体系三级监测	2007年7月
26		胜禾街下游崩滑体	滑坡	土质			顺向	145	190	270	2	16	中型	基本稳定	基本稳定	—	—	2003年
27		二子湾滑坡	滑坡	混合型				145	500	293	110	12 000	巨型	欠稳定	欠稳定	前部预警区持续变形	库区专业监测	持续

续表

编号	工作区	灾害名称	灾害类型	滑体物质	涉水	岸别	坡体结构	前缘高程/m	后缘高程/m	主滑方向/(°)	面积/(10⁴ m²)	体积/(10⁴ m³)	规模	稳定性现状①	稳定性发展趋势①	变形特征②	防治措施③	变形时间
28	吒溪河段（左岸23处,右岸9处）	马家沟1号滑坡	滑坡	岩质	吒溪河	左岸	顺向	135	295	290	17.69	306.36	大型	欠稳定	欠稳定	整体蠕滑	库区专业监测	持续
29		马家沟2号滑坡	滑坡	土质				135	295	290	8.75	35	中型	欠稳定	欠稳定	左侧局部变形	2017年治理（排水沟）/库区专业监测	2016年5月
30		彭家老屋东崩滑体	滑坡	土质				152	250	200	3.8	38	中型	基本稳定	基本稳定	—	—	2006年
31		王家岭滑坡	滑坡	土质				130	250	240	18.5	180	大型	基本稳定	基本稳定	—	地质灾害综合防治体系三级监测	1998年6月
32		辛家坪一二组滑坡	滑坡	土质				220	400	280	21.5	320	大型	基本稳定	基本稳定	—	—	古滑坡
33		偏岩子不稳定斜坡	不稳定斜坡	岩质				190	290	134	4.25	8.5	小型	基本稳定	基本稳定	—	—	2006年
34		余家院子滑坡	滑坡	土质				140	240	222	2	13	中型	基本稳定	基本稳定	—	—	2006年
35		龙王庙滑坡	滑坡	土质				105	440	270	41	779	大型	欠稳定	欠稳定	左边界中部有变形	2003年III号抗滑桩治理	2007年10月
36		龙沟滑坡	滑坡	土质				154	320	255	6.9	172.5	大型	基本稳定	基本稳定	—	—	古滑坡
37		蔡坝村五组滑坡	滑坡	土质				165	200	291	1.5	13.5	中型	基本稳定	基本稳定	—	—	2008年
38		汤家坡南不稳定斜坡	不稳定斜坡	土质				135	290	250	1.4	4.2	小型	基本稳定	基本稳定	—	—	1969年
39		汤家坡南崩滑体	滑坡	土质				160	240	296	20	100	大型	基本稳定	基本稳定	—	—	1969年
40		渡水头滑坡	滑坡	岩质				125	300	225	29	580	大型	基本稳定	基本稳定	—	—	1969年

续表

编号	工作区	灾害名称	灾害类型	滑体物质	沙水	岸别	坡体结构	前缘高程/m	后缘高程/m	主滑方向/(°)	面积/(10⁴ m²)	体积/(10⁴ m³)	规模	稳定性现状	稳定性发展趋势	变形特征	防治措施	变形时间
41		云盘居天点滑坡	滑坡	土质				145	220	300	4.71	56.52	中型	基本稳定	基本稳定	—	—	—
42		沙湾子滑坡	滑坡	土质				110	400	230	4.1	60	中型	基本稳定	基本稳定	—	—	2003 年 5 月
43		渡水头不稳定斜坡	不稳定斜坡	土质				130	210	280	20	400	大型	基本稳定	基本稳定	—	—	—
44		龙口不稳定斜坡	不稳定斜坡	土质		左岸	顺向	170	210	250	4.6	82	中型	欠稳定	欠稳定	持续变形	库区专业监测	2009 年
45		龙口（黑石表）滑坡	滑坡	土质				142	450	83	71.8	3570	特大型	欠稳定	欠稳定	中前部持续变形	库区专业监测	2003 年
46		泥儿湾滑坡	滑坡	混合型	吒溪河			150	310	260	7	180	大型	基本稳定	基本稳定	—	治理	2008 年 11 月 5 日
47		向家峁南滑坡	滑坡	土质				153	260	226	3.85	135	大型	基本稳定	欠稳定	—	—	—
48	吒溪河段（左岸 23 处、右岸 9 处）	王家桥滑坡	滑坡	土质			逆向	200	385	270	32	320	大型	基本稳定	基本稳定	—	地质灾害综合防治体系二级监测	2005 年
49		水田坝集镇不稳定斜坡	不稳定斜坡	土质		右岸	顺向	145	200	108	20.68	310.2	大型	基本稳定	基本稳定	—	—	2003 年
50		王家层场滑坡	滑坡	土质			切向	145	280	92	11.1	133.2	大型	基本稳定	基本稳定	—	—	古滑坡
51		东风河滑坡	滑坡	土质			切向	130	230	70	3.6	48	中型	基本稳定	基本稳定	—	—	1993 年
52		黄荆树滑坡	滑坡	土质			切向	130	220	60	10	150	大型	基本稳定	基本稳定	—	—	1990 年
53		下坝不稳定斜坡	不稳定斜坡	土质			顺向	145	200	90	15	60	中型	基本稳定	基本稳定	—	—	—
54		孙记设滑塌	滑坡	土质			切向	150	280	108	10.8	216	特大型	欠稳定	欠稳定	左前部有变形	地质灾害综合防治体系三级监测	持续
55		王家院子滑坡	滑坡	土质			顺向	140	375	31	35.8	1432	大型	基本稳定	基本稳定	—	库区专业监测	2007 年
56		胡家沟（霍家院子）滑坡	滑坡	土质			顺向	125	300	55	19.3	579	大型	基本稳定	基本稳定	—	库区专业监测	2007 年

续表

编号	工作区	灾害名称	灾害类型	滑体物质	涉水	岸别	坡体结构	前缘高程/m	后缘高程/m	主滑方向/(°)	面积/(10⁴ m²)	体积/(10⁴ m³)	规模	稳定性现状①	稳定性发展趋势①	变形特征②	防治措施③	变形时间
57	吒溪河段(左岸23处、右岸9处)	桃树坪斜坡	不稳定斜坡	土质	吒溪河	右岸	顺向	100	300	75	10	30	中型	欠稳定	欠稳定	右前部公路变形	地质灾害综合防治体系三级监测	持续
58		大么站滑坡	滑坡	土质	吒溪河	右岸		74	375	180	9.36	110	大型	基本稳定	基本稳定	—	治理(抗滑桩)	2002年8月
59		杨家坪滑坡	滑坡	土质	长江	左岸	逆向	182	241	180	2.6	19	中型	基本稳定	基本稳定	—	库区专业监测	2005年5月
60		泄滩集镇不稳定斜坡	不稳定斜坡	混合型	长江	左岸		140	220	190	36	262	大型	基本稳定	基本稳定	—	—	2004年4月
61	泄滩河左岸段(7处)	下陈家湾滑坡	滑坡	土质	泄滩河	左岸	切向	146	206	267	8.6	108	大型	基本稳定	基本稳定	—	—	2002年9月
62		上陈家湾滑坡	滑坡	土质	泄滩河	左岸		140	400	260	4.05	32.4	中型	基本稳定	基本稳定	—	—	古滑坡
63		垴岭包滑坡	滑坡	土质	泄滩河	左岸		140	330	275	11.96	94.4	中型	基本稳定	基本稳定	—	2002年治理(抗滑桩)	1998年
64		卡门子湾滑坡	滑坡	岩质	泄滩河	左岸	顺切向	160	290	340	3.04	50	中型	欠稳定	欠稳定	已滑	治理中	2019年12月10日

① "稳定性现状""稳定性发展趋势"主要依据专业监测等相关资料综合分析得出。
② "变形特征"根据现有资料及部分现场调查得出。
③ "防治措施"中，除了吒溪河左岸的"泥儿湾滑坡"不属于干枯库灾害点外，其余灾害点除了表中给出的措施外，也同时实施了"群测群防"。
④ "泥儿湾滑坡"目前已不属于干枯库灾害点，但考虑到其代表了吒溪河左岸段典型的顺层滑坡灾害，因此一并放入表中。

不难看出，灾害体主要分布于吒溪河左岸与锣鼓洞河左岸，其次是吒溪河右岸及青干河左岸。

从坡体结构来看，I区中的青干河左岸与锣鼓洞河左岸、II区中的吒溪河左岸主要岸段、III区中的泄滩河左岸均为顺层岸坡，因此发育其中的灾害体多为顺向坡结构，共计44处。

按规模划分，有巨型滑坡1处（吒溪河左岸的卡子湾滑坡）、特大型滑坡3处[青干河左岸的千将坪滑坡、吒溪河左岸的龙口（黑石板）滑坡、吒溪河右岸的王家院子滑坡]，此外大型灾害体32处、中型24处、小型4处，可见工作区内地质灾害体多为中大型规模。

从稳定性现状及发展趋势来看，处于基本稳定状态的有53处（占82.8%），剩余11处（占17.2%）则为欠稳定状态，主要分布于吒溪河左岸（6处）、青干河右岸（2处）、吒溪河右岸（2处）及泄滩河左岸（1处）。对于存在变形的灾害体，处于整体蠕滑状态的有2处，分别为吒溪河左岸的马家沟1号滑坡、青干河右岸的三门洞电站滑坡；其余9处多为局部变形，分别为吒溪河左岸的卡子湾滑坡、马家沟2号滑坡、龙王庙滑坡、龙口（黑石板）滑坡、龙口不稳定斜坡，吒溪河右岸的孙记汶滑坡、桃树坪斜坡，青干河右岸的卧沙溪滑坡，泄滩河左岸的卡门子湾滑坡。

2.2.2　地质灾害防治现状

三峡库区地质灾害防治工作长期以来得到高度重视。目前，工作区中的64处地质灾害隐患中，除了吒溪河左岸的泥儿湾滑坡（2008年11月发生）经治理稳定后已经销号外，其余63处均实施了群测群防。同时，根据各灾害体的稳定性状态，又针对性地在群测群防基础上实施了专业监测、工程治理等防治措施（图2.11、表2.5），具体如下。

（1）已实施工程治理的有7处，分别为沙镇溪镇周边岸坡段的张家坝滑坡、庙湾滑坡（西陵路滑坡），吒溪河左岸段的泥儿湾滑坡、龙王庙滑坡、马家沟2号滑坡，泄滩河左岸段的大幺姑滑坡、庙岭包滑坡。除了龙王庙滑坡由于仅针对部分滑体进行了治理、马家沟2号滑坡仅修建了排水沟等，滑坡体仍存在局部变形外，其余5处经过治理后已处于基本稳定—稳定状态。

（2）正在实施三峡库区后续规划阶段专业监测预警的有14处。其中，I区（沙镇溪镇周边岸坡段）共7处，分别为青干河左岸的千将坪滑坡、白果树滑坡，青干河右岸的三门洞电站滑坡、卧沙溪滑坡，以及锣鼓洞河左岸的大岭电站滑坡与杉树槽滑坡、大岭西南（大水田）滑坡；吒溪河岸坡段共6处，分别为左岸的卡子湾滑坡、马家沟1号滑坡、马家沟2号滑坡、龙口（黑石板）滑坡，右岸的王家院子滑坡、胡家坡（董家院子）滑坡；III区范围内仅有1处，为长江左岸的杨家坪滑坡。

（3）正在实施省、市地质灾害综合防治体系建设专业监测预警工程的有8处。其中，二级专业监测2处，为I区锣鼓洞河左岸的桑树坪滑坡与II区上游的王家桥滑坡；三级专业监测6处，分别为青干河左岸龙沟滑坡与右岸三湾滑坡，锣鼓洞河右岸香炉山斜坡，吒溪河左岸王家岭滑坡，吒溪河右岸孙记汶滑坡、桃树坪斜坡。

综上所述，工作区地质灾害密集发育，其中 I 区（沙镇溪镇周边岸坡段）范围内地质灾害点密度为 2.08 处/km²，II 区（吒溪河左岸段）达到 2.88 处/km²，III 区（泄滩河左岸段）则达到了 3.33 处/km²；这些地质灾害主要发育在秭归向斜盆地和百福坪-流来观背斜两翼的侏罗系砂、泥（页）岩易滑地层与水库岸坡构成的顺向坡体内，而且一般规模较大（中型—大型居多）。

虽然针对这些地质灾害隐患点采取了工程治理、专业监测预警等防治措施，但受到三峡水库水位升降、丰沛降雨及人类活动等长期外在因素的影响，部分灾害体稳定性较差，尤其是顺层岩质滑坡容易突发失稳破坏，如 I 区于 2003 年 7 月 13 日发生的千将坪滑坡、2014 年 9 月 2 日发生的杉树槽滑坡，II 区于 2008 年 11 月 5 日发生的泥儿湾滑坡，以及 III 区于 2019 年 12 月 10 日发生的卡门子湾滑坡等就是典型代表，这些地质灾害隐患对库区人民生命财产安全、三峡大坝及三峡航运等构成了重大威胁。

2.3　本章小结

工作区所在的三峡库首秭归向斜盆地区域，发育以侏罗系为主的砂岩、泥（页）岩"软硬相间"的"红层"碎屑岩易滑地层，受多期构造体系复合叠加作用，褶皱、断裂构造极为发育，岩体破碎，属不良工程地质岩组，这是该区域地质灾害集中易发的主要内因。三峡水库蓄水与每年库水位的大幅升降、丰沛的集中降雨、城镇建设与修路建房切坡等密集人类工程活动等，成为地质灾害变形破坏的主要外因。

目前工作区及其周边邻近范围内共发育 64 处地质灾害体，其中 44 处均为顺向坡结构，而岩质滑坡与岩土混合型滑坡又有 14 处。尽管对这些灾害体采取了工程治理、专业监测、群测群防等防治措施，但部分灾害体的稳定性较差，尤其是顺层岩质滑坡容易突发失稳破坏，防不胜防。

第 3 章

顺层岩质水库滑坡孕灾环境分析

3.1 概念与方法

孕灾环境是决定致灾因子时空分布特征的背景条件，广义上是指由大气圈、水圈、岩石圈（包括土壤和植被）、生物圈和人类社会圈所构成的综合地球表层环境，通常可分为自然环境与人文社会环境两大类（史培军，2002，1996）。其中，自然环境包括地质构造、地形地貌、水文气候、土壤植被等，人文社会环境指人类为了促进社会经济发展和维持正常的生产生活而对地球表层环境进行的改造活动及由此引发的环境变化。狭义上，则可以将孕灾环境分为孕育灾害隐患的内部因子与诱发灾害的外部因子，其中内因包括地层岩性、地质构造、地形地貌、斜坡结构等，属于短时间不会发生明显变化的静态背景因子；外因则包括水库蓄水及库水位升降变化、降雨、人类工程活动等，通常是动态变化的诱发或触发因子。因此，内因通常决定"地质灾害隐患在哪里"，而外因则影响"地质灾害什么时候发生"。

基于对工作区地质灾害发育特征及规律的前期认识，选择地形地貌、地层岩性与工程地质岩组、地质构造、斜坡结构等主要地质环境本底内因开展孕灾环境分析。由于三处工作区范围较小且分布较为集中，将库水位升降、降雨等外部诱因视为等同作用，在孕灾环境分析时暂不考虑。另外，为了获得尽可能精细化的分析结果，采用了无人机低空摄影测量结合地面调查的方法，同时收集了工作区的高分光学卫星遥感影像及高分辨率数字高程模型（digital elevation model，DEM）等基础数据。

工作区工程地质平面图与剖面图分别见图 3.1、图 3.2。以此为基础，以下分区域进行孕灾环境分析。

3.2 沙镇溪镇周边岸坡段（I区）

本工作区为锣鼓洞河汇入青干河的位置，也是秭归县沙镇溪镇所在位置。根据与河流的分布关系，该工作区可以进一步划分为青干河左岸岸坡、青干河右岸岸坡与锣鼓洞河左岸岸坡三个子区。目前分布于三个子区的已知地质灾害点共 24 处（见图 2.11、表 2.5，不包括锣鼓洞河右岸的香炉山斜坡），其发育特征及规律如下。

3.2.1 地形地貌特征

本区地貌属于侏罗系砂泥（页）岩组成的侵蚀构造类型，区内海拔在 700 m 以内，为低山区（图 2.3）。24 处灾害体主要沿库岸分布，其地形特征如下。

（1）分布高程（图 3.3、图 3.4）：高程在 100～610 m。其中，除前缘不涉水（>175 m）的 6 处灾害体外，其余灾害体的前缘平均高程为 137 m，最低为 100 m，最高为 170 m，

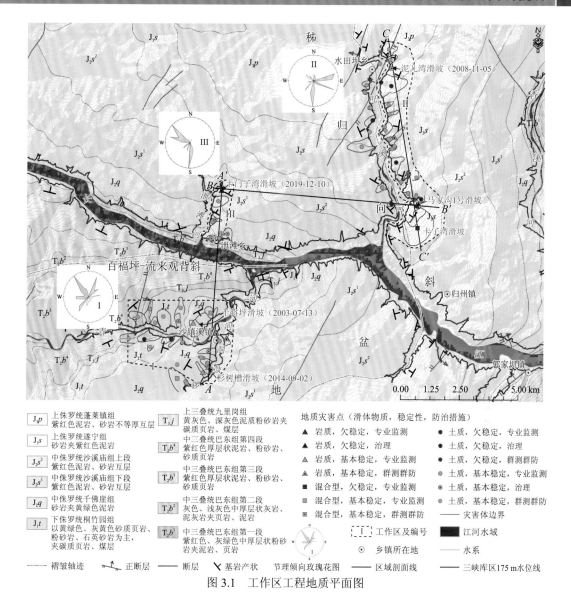

图 3.1　工作区工程地质平面图

后缘平均高程为 337 m，最低为 185 m，最高为 458 m。从顺层岩质滑坡分布来看，三个子区中仅青干河左岸岸坡与锣鼓洞河左岸岸坡为顺层岸坡结构，其中前者发育有千将坪滑坡与白果树滑坡，其前缘高程在 100～114 m，后缘高程则在 390～410 m，高差在 276～310 m；而锣鼓洞河左岸岸坡发育的桑树坪滑坡、大岭西南（大水田）滑坡与杉树槽滑坡，其前缘高程为 145～170 m，后缘高程为 285～375 m，高差为 140～205 m；明显地，锣鼓洞河左岸发育的顺层岩质滑坡前缘更高（在水库消落带以上），后缘则较低，因而高差也较小。

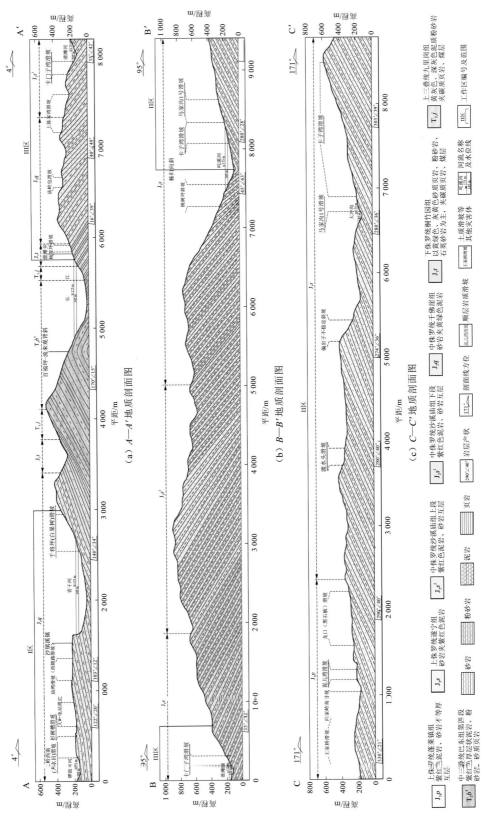

图 3.2　工作区工程地质剖面图

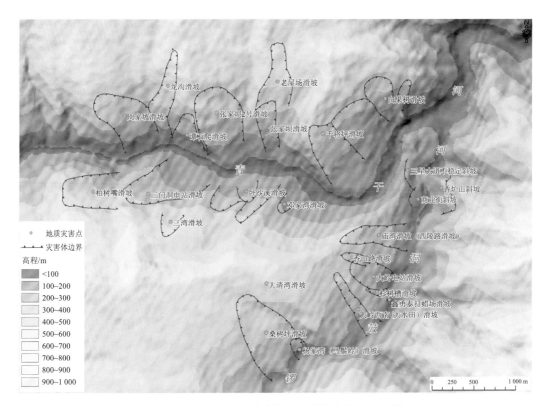

图 3.3　沙镇溪镇周边岸坡段地质灾害分布高程图

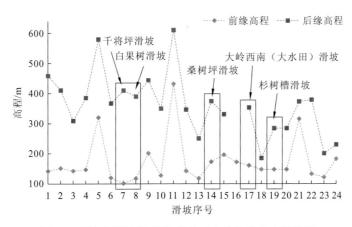

图 3.4　沙镇溪镇周边岸坡段地质灾害的分布高程统计

（2）分布坡度（图 3.5、表 3.1）：整个区域，灾害体表面坡度多在 15°～30°。从三个子区来看，青干河左岸岸坡灾害体的表面坡度较陡，为 19°～31°；青干河右岸岸坡与锣鼓洞河左岸岸坡的灾害体表面坡度基本一致，在 15°～24°。另外，同一子区中，顺层岩质滑坡与土质滑坡等其他类型灾害体的表面坡度并无明显差异。例如，青干河左岸的岩质滑坡坡度为 24°～31°，土质滑坡坡度为 19°～31°；锣鼓洞河左岸的岩质滑坡坡度为 15°～21°，其他灾害体的坡度为 15°～24°。

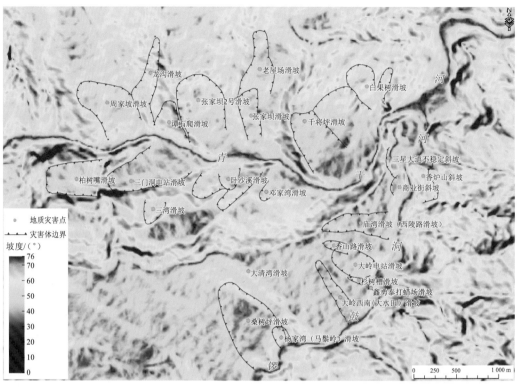

图 3.5　沙镇溪镇周边岸坡段地质灾害分布坡度图

表 3.1　沙镇溪镇周边岸坡段地质灾害的分布坡度统计

区域	灾害类型	坡度/(°)
青干河左岸岸坡	顺层岩质滑坡（千将坪滑坡、白果树滑坡）	24~31
	土质滑坡	19~31
青干河右岸岸坡	土质滑坡	17~24
锣鼓洞河左岸岸坡	顺层岩质滑坡[杉树槽滑坡、大岭西南（大水田）滑坡]	15~21
	其他灾害体	15~24

　　（3）分布坡向（图3.6、表3.2）：整体来看，青干河右岸坡向以北—东北向（16°~60°）为主，主要发育土质滑坡；青干河左岸坡向以东南—南向为主，其中顺层岩质滑坡发育坡向为120°~130°，土质滑坡发育坡向变化较大，在123°~230°；锣鼓洞河左岸坡向则以东南—东向为主，其中顺层岩质滑坡发育坡向为90°~160°，其他灾害体坡向为80°~180°。

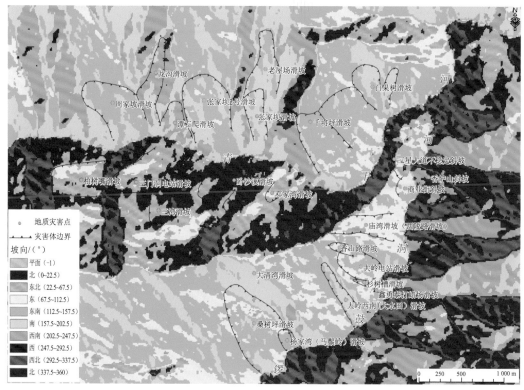

图 3.6　沙镇溪镇周边岸坡段地质灾害的分布坡向图

表 3.2　沙镇溪镇周边岸坡段地质灾害的分布坡向统计

区域	灾害类型	坡向/(°)
青干河左岸岸坡	顺层岩质滑坡（千将坪滑坡、白果树滑坡）	120~130
	土质滑坡	123~230
青干河右岸岸坡	土质滑坡	16~60
锣鼓洞河左岸岸坡	顺层岩质滑坡[杉树槽滑坡、大岭西南（大水田）滑坡]	90~160
	其他灾害体	80~180

　　综上，沙镇溪镇周边岸坡段地质灾害体发育的地形地貌特征包括：高程上，主要分布于 100~610 m；其中，顺层岩质滑坡主要发育在青干河左岸与锣鼓洞河左岸，前者分布在 100~410 m，后者分布在 145~375 m。坡度上，多分布在 15°~30°；顺层岩质滑坡与土质滑坡等灾害体的表面坡度并无明显差异，但青干河左岸岩质滑坡的坡度为 24°~31°，比锣鼓洞河左岸岩质滑坡坡度 15°~21° 更陡。坡向上，仅发育土质滑坡的青干河右岸以北—东北向为主；而发育有顺层岩质滑坡的青干河左岸与锣鼓洞河左岸坡向均以东南向为主，但前者也存在南—西南向的灾害体，后者则存在东向的灾害体。

3.2.2 地层岩性与工程地质岩组特征

本区地层主要沿北东—南西展布（图 2.5、图 3.7）。按从新到老顺序，区内依次出露如下岩层：南东区域大部分为中侏罗统千佛崖组（J_2q）砂岩夹黄绿色泥岩；往北西方向为下侏罗统桐竹园组（J_1t）以黄绿色、灰黄色砂质页岩、粉砂岩、石英砂岩为主，夹碳质页岩、煤层；然后为上三叠统九里岗组（T_3j）黄灰色、深灰色泥质粉砂岩夹碳质页岩、煤层；区域的北西侧出露中三叠统巴东组第四段（T_2b^4）紫红色厚层状泥岩、粉砂岩、砂质页岩。其中，砂岩、粉砂岩坚硬但裂隙发育，泥岩、页岩岩质较软、易风化。

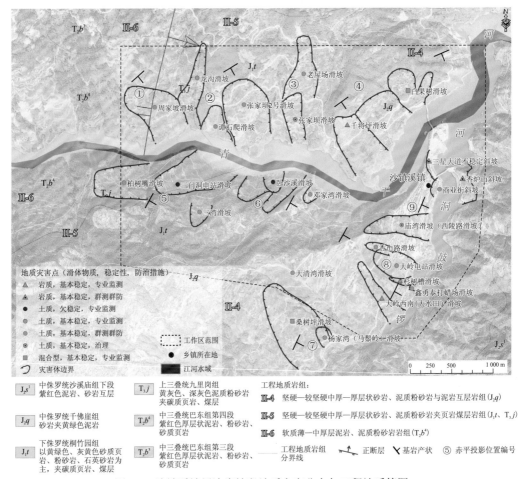

图 3.7 沙镇溪镇周边岸坡段地质灾害分布与工程地质简图

对于工程地质岩组划分（表 2.4），从南东至北西，依次分为 II-4（坚硬—较坚硬中厚—厚层状砂岩、泥质粉砂岩与泥岩互层岩组，J_2q）、II-5（坚硬—较坚硬中厚—厚层状砂岩、泥质粉砂岩夹页岩煤层岩组，J_1t、T_3j）及 II-6（软质薄—中厚层泥岩、泥质粉砂岩岩组，T_2b^4），均为不良工程地质岩组，而且岩性由以砂岩为主逐步过渡到以泥岩、页岩为主，力学性质则相应地由硬变软。

地质灾害体在各地层与工程地质岩组中的分布见图 3.7、表 3.3。

表 3.3　沙镇溪镇周边岸坡段地质灾害分布地层及工程地质岩组统计

工程地质岩组	地层及岩性	岩性变化特征	已知地质灾害/处	备注
II-4：坚硬—较坚硬中厚—厚层状砂岩、泥质粉砂岩与泥岩互层岩组	中侏罗统千佛崖组（J_2q）砂岩夹黄绿色泥岩	以砂岩为主（硬）	14	包含区内全部 5 处顺层岩质滑坡及混合型滑坡[千将坪滑坡、白果树滑坡、杉树槽滑坡、大岭西南（大水田）滑坡、桑树坪滑坡]
II-5：坚硬—较坚硬中厚—厚层状砂岩、泥质粉砂岩夹页岩煤层岩组	下侏罗统桐竹园组（J_1t）以黄绿色、灰黄色砂质页岩、粉砂岩、石英砂岩为主，夹碳质页岩、煤层；上三叠统九里岗组（T_3j）黄灰色、深灰色泥质粉砂岩夹碳质页岩、煤层		8	包含区内存在持续变形的卧沙溪滑坡、三门洞电站滑坡，均为土质滑坡
II-6：软质薄—中厚层泥岩、泥质粉砂岩岩组	中三叠统巴东组第四段（T_2b^4）紫红色厚层状泥岩、粉砂岩、砂页岩	以泥岩、页岩为主（软）	2	典型紫红色地层

可以看出，沙镇溪镇周边岸坡段有 14 处地质灾害体分布于 J_2q，即 II-4 岩组中，尤其是区内全部 5 处顺层岩质滑坡与混合型滑坡均分布于此套地层和岩组，这表明厚层状砂岩与较薄层泥岩互层的岩性组合可能是本区域发育顺层岩质滑坡灾害的必要条件之一。而由 J_1t 与 T_3j 构成的 II-5 岩组，泥质成分明显增多，并且存在碳质页岩、煤层等，这对于土质滑坡软弱滑面的形成及持续变形非常有利，因此本套岩组也发育了 8 处灾害体，而且区内目前已知有明显变形的卧沙溪滑坡、三门洞电站滑坡等均位于其中。区内北西侧为 T_2b^4（II-6 岩组），以典型的紫红色泥岩为主，由于范围较小，工作区内仅分布 2 处土质滑坡。

综上，在沙镇溪镇周边岸坡段，如果要关注顺层岩质滑坡，仍应将重点放在青干河下游（千将坪滑坡以下）与锣鼓洞河左岸区域（即 J_2q、II-4 岩组）；如果要关注土质滑坡，全区均是重点，但尤其应注意由 J_1t 与 T_3j 组成的 II-5 岩组范围。

3.2.3　地质构造背景

区域构造上，本区位于秭归向斜盆地西南与百福坪-流来观背斜南翼的复合部位（图 2.6、图 3.1）。百福坪-流来观背斜为东端倾伏、西端开阔的弧形褶皱，轴向为北东 85°，南翼地层倾角在 35°～50°。

区域北西侧存在一条正断层，在青干河左岸穿过周家坡滑坡直至山顶，形迹不甚明显；在青干河右岸延伸不远，形成了高达上百米的陡崖冲沟地形（图 3.8），成为柏树嘴滑坡的前缘临空面（图 3.7）。但总体来看，该断层对本区内主要地质灾害的分布发育影响不大。

图 3.8 青干河右岸柏树嘴滑坡前缘断层形成的高陡岩质边坡及冲沟地形

3.2.4 斜坡结构特征

受控于秭归向斜盆地与百福坪-流来观背斜构造，本区内的岩层面主要倾向南东，因此青干河左岸与锣鼓洞河左岸均为顺坡向结构。同时，构造节理裂隙发育，其与岩层面及斜坡坡向组合后构成的斜坡结构，在很大程度上控制了区内地质灾害，尤其是顺层岩质滑坡灾害的发育及变形演化。以下对区内结构面产状及其组合特征进行阐述。

1. 结构面产状统计

本区节理倾向玫瑰花图及主要结构面产状见图 3.9。

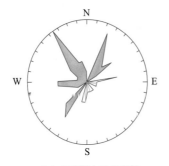

结构面名称	倾向/(°)	倾角/(°)
岩层面	113	21
节理1	324	67
节理2	38	82
节理3	219	70
节理4	270	77

（a）节理倾向玫瑰花图　　　　　　（b）结构面产状

图 3.9 沙镇溪镇周边岸坡段优势结构面统计

区内地层产状平均为 113°∠21°，但在空间上存在一定的变化：从北（青干河左岸）往南（锣鼓洞河左岸），倾向由 140° 左右变化到 120° 左右；倾角则逐渐变缓，由 30° 以上变化到 20° 以下（图 3.2 *A—A'* 剖面）。节理极为发育，各个方向均有分布，且倾角极大，多在 70° 以上；优势节理至少有 4 组，主要倾向北西、北东、南西及正西方向。

2. 斜坡结构及稳定性

借助现场调查测量与地形数据，采用赤平投影方法对区内各处斜坡结构及其稳定性进行分析。

表 3.4 为沙镇溪镇周坡岸坡段岸坡结构的赤平投影分析结果，各点的具体位置见图 3.7。需要说明的是，表 3.4 中的稳定性分析评价结果只适用于岩质边坡。

表 3.4　沙镇溪镇周边岸坡段岸坡结构的赤平投影分析表

编号及位置	赤平投影		稳定性分析
①青干河左岸西侧周家坡滑坡区域		编号 结构面名称 倾向/(°) 倾角/(°) P 坡面 163 23 C 岩层面 140 32 L1 节理1 65 77 L2 节理2 279 67 组合交线 倾向/(°) 倾角/(°) P—C 195 20 P—L1 150 22 P—L2 198 19 C—L1 147 32 C—L2 197 19 L1—L2 347 42	岩层面（C）与坡面（P）倾向一致，倾角大于斜坡倾角，边坡较稳定；两组节理（L1、L2）的交点位于斜坡投影弧对侧，交线与斜坡倾向相反，边坡稳定。综合来看，岩质边坡处于较稳定状态
②青干河左岸西侧龙沟滑坡—谭石爬滑坡区域		编号 结构面名称 倾向/(°) 倾角/(°) P 坡面 240 33 C 岩层面 150 31 L1 节理1 65 77 L2 节理2 279 67 组合交线 倾向/(°) 倾角/(°) P—C 193 24 P—L1 154 3 P—L2 201 27 C—L1 147 31 C—L2 199 22 L1—L2 347 42	岩层面（C）与坡面（P）斜交，节理 L2 的倾向与坡向基本一致，但倾角远大于斜坡倾角，边坡较稳定。岩层面与节理 L2 组合交线的倾向与斜坡倾向相对一致，倾角小于斜坡倾角，边坡欠稳定。综合来看，岩质边坡处于欠稳定状态

编号及位置	赤平投影	稳定性分析

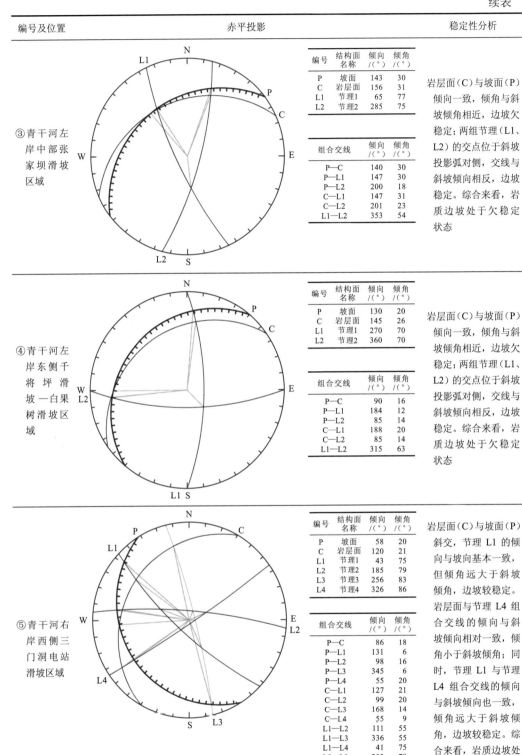

③青干河左岸中部张家坝滑坡区域

编号	结构面名称	倾向/(°)	倾角/(°)
P	坡面	143	30
C	岩层面	156	31
L1	节理1	65	77
L2	节理2	285	75

组合交线	倾向/(°)	倾角/(°)
P—C	140	30
P—L1	147	30
P—L2	200	18
C—L1	147	31
C—L2	201	23
L1—L2	353	54

岩层面（C）与坡面（P）倾向一致，倾角与斜坡倾角相近，边坡欠稳定；两组节理（L1、L2）的交点位于斜坡投影弧对侧，交线与斜坡倾向相反，边坡稳定。综合来看，岩质边坡处于欠稳定状态

④青干河左岸东侧千将坪滑坡—白果树滑坡区域

编号	结构面名称	倾向/(°)	倾角/(°)
P	坡面	130	20
C	岩层面	145	26
L1	节理1	270	70
L2	节理2	360	70

组合交线	倾向/(°)	倾角/(°)
P—C	90	16
P—L1	184	12
P—L2	85	14
C—L1	188	20
C—L2	85	14
L1—L2	315	63

岩层面（C）与坡面（P）倾向一致，倾角与斜坡倾角相近，边坡欠稳定；两组节理（L1、L2）的交点位于斜坡投影弧对侧，交线与斜坡倾向相反，边坡稳定。综合来看，岩质边坡处于欠稳定状态

⑤青干河右岸西侧三门洞电站滑坡区域

编号	结构面名称	倾向/(°)	倾角/(°)
P	坡面	58	20
C	岩层面	120	21
L1	节理1	43	75
L2	节理2	185	79
L3	节理3	256	83
L4	节理4	326	86

组合交线	倾向/(°)	倾角/(°)
P—C	86	18
P—L1	131	6
P—L2	98	16
P—L3	345	6
P—L4	55	20
C—L1	127	21
C—L2	99	20
C—L3	168	14
C—L4	55	9
L1—L2	111	55
L1—L3	336	55
L1—L4	41	75
L2—L3	203	78
L2—L4	246	68
L3—L4	270	83

岩层面（C）与坡面（P）斜交，节理L1的倾向与坡面基本一致，但倾角远大于斜坡倾角，边坡较稳定。岩层面与节理L4组合交线的倾向与斜坡倾向相对一致，倾角小于斜坡倾角；同时，节理L1与节理L4组合交线的倾向与斜坡倾向也一致，倾角远大于斜坡倾角，边坡较稳定。综合来看，岩质边坡处于较稳定状态

续表

编号及位置	赤平投影	稳定性分析

⑥青干河右岸中部卧沙溪滑坡区域

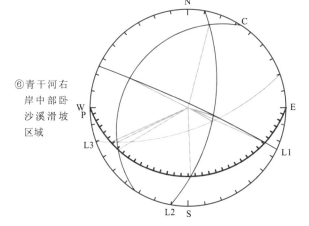

编号	结构面名称	倾向/(°)	倾角/(°)
P	坡面	0	20
C	岩层面	123	23
L1	节理1	205	85
L2	节理2	280	60
L3	节理3	340	65

组合交线	倾向/(°)	倾角/(°)
P—C	59	11
P—L1	294	9
P—L2	358	20
P—L3	66	8
C—L1	117	23
C—L2	194	8
C—L3	64	12
L1—L2	286	60
L1—L3	288	53
L2—L3	300	59

岩层面（C）与坡面（P）斜交，节理 L3 的倾向与坡向基本一致，但倾角远大于斜坡倾角，边坡较稳定。4 组结构面中，两两组合交线的倾向均与斜坡倾向相反或大角度相交，边坡较稳定。综合来看，岩质边坡处于较稳定状态

⑦锣鼓洞河左岸上游桑树坪滑坡区域

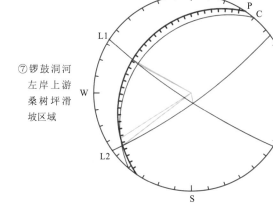

编号	结构面名称	倾向/(°)	倾角/(°)
P	坡面	124	21
C	岩层面	130	27
L1	节理1	33	81
L2	节理2	324	79

组合交线	倾向/(°)	倾角/(°)
P—C	57	9
P—L1	120	21
P—L2	53	7
C—L1	118	27
C—L2	53	6
L1—L2	350	78

岩层面（C）与坡面（P）倾向一致，倾角与斜坡倾角近似，边坡欠稳定；两组节理（L1、L2）的交点位于斜坡投影弧对侧，交线与斜坡倾向相反，边坡稳定。综合来看，岩质边坡处于欠稳定状态

⑧锣鼓洞河左岸中部杉树槽滑坡区域

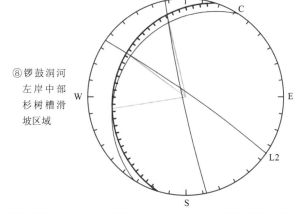

编号	结构面名称	倾向/(°)	倾角/(°)
P	坡面	107	17
C	岩层面	122	20
L1	节理1	78	86
L2	节理2	215	85

组合交线	倾向/(°)	倾角/(°)
P—C	81	15
P—L1	167	9
P—L2	126	16
C—L1	167	14
C—L2	127	20
L1—L2	149	78

岩层面（C）与坡面（P）倾向一致，倾角与斜坡倾角近似，边坡欠稳定；两组节理（L1、L2）的交点位于斜坡投影弧同侧，交线与斜坡倾向一致，边坡欠稳定。综合来看，岩质边坡处于欠稳定状态

续表

编号及位置	赤平投影	稳定性分析

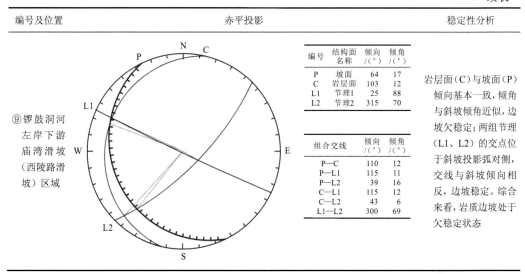

⑨锣鼓洞河左岸下游庙湾滑坡（西陵路滑坡）区域

编号	结构面名称	倾向/(°)	倾角/(°)
P	坡面	64	17
C	岩层面	103	12
L1	节理1	25	88
L2	节理2	315	70

组合交线	倾向/(°)	倾角/(°)
P—C	110	12
P—L1	115	11
P—L2	39	16
C—L1	115	12
C—L2	43	6
L1—L2	300	69

岩层面（C）与坡面（P）倾向基本一致，倾角与斜坡倾角近似，边坡欠稳定；两组节理（L1、L2）的交点位于斜坡投影弧对侧，交线与斜坡倾向相反，边坡稳定。综合来看，岩质边坡处于欠稳定状态

从表 3.4 综合来看，青干河左岸与锣鼓洞河左岸均为顺向坡结构，同时被多组节理切割和组合相交，要么构成块体边界，要么直接构成潜在滑面，导致两个区域容易出现顺层岩质滑坡，其中青干河左岸发生的千将坪滑坡与锣鼓洞河左岸发生的杉树槽滑坡就是证明。因此，要在本区域识别顺层岩质滑坡，这两个子区仍是重点。

3.3 吒溪河左岸段（Ⅱ区）

本区域目前已知地质灾害点共有 23 处（见图 2.11、表 2.5，不包括分布于吒溪河右岸的 9 处），其发育特征及规律如下。

3.3.1 地形地貌特征

本区地貌同样属于侏罗系砂泥（页）岩组成的侵蚀构造类型，区内海拔在 700 m 以内，为低山区（图 2.3）。23 处灾害体沿吒溪河左岸分布，其地形特征如下。

（1）分布高程（图 3.10、图 3.11）：高程在 105～500 m。其中，除了前缘不涉水（>175 m）的 3 处灾害体外，其余灾害体的前缘平均高程为 141 m，最低为 105 m，最高为 170 m，后缘平均高程为 294 m，最低为 200 m，最高为 500 m。

从区内 4 处顺层岩质滑坡或混合型滑坡（包括卡子湾滑坡、马家沟 1 号滑坡、渡水头滑坡、泥儿湾滑坡）的分布来看，前缘平均高程为 139 m，最低为 125 m，最高为 150 m，后缘平均高程为 351 m，最低为 295 m，最高为 500 m。

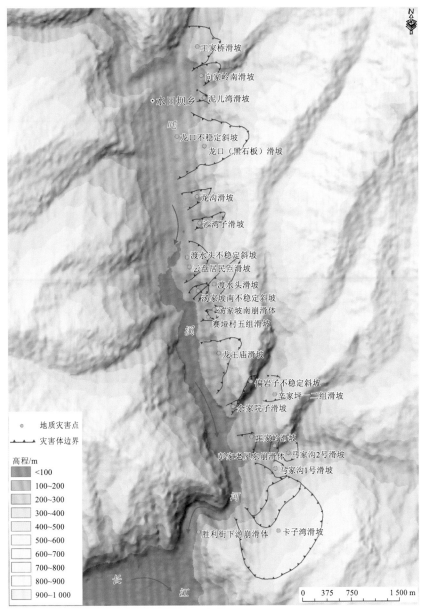

图 3.10　吒溪河左岸段地质灾害分布高程图

　　总体来看，区内顺层岩质滑坡相比于土质滑坡等其他灾害体，其前后缘高程均较低（卡子湾滑坡如果仅考虑其目前主要发生变形的预警区与变形影响区，其后缘高程应该在370 m 以下）。

　　（2）分布坡度（图 3.12）：整个区域除了偏岩子不稳定斜坡（实际为一高陡岩质边坡）的坡度超过 45°以外，其余灾害体的表面坡度多在 12°～30°。4 处顺层岩质滑坡或混合型滑坡中，除了已经失稳破坏的泥儿湾滑坡的坡度超过 30°以外，另外 3 处（卡子湾滑坡、马家沟 1 号滑坡、渡水头滑坡）的坡度均在 20°左右；其余土质滑坡的表面平均坡度为 22°，最小为 12°，最大为 31°。

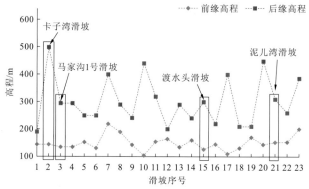

图 3.11 吒溪河左岸段地质灾害分布高程统计

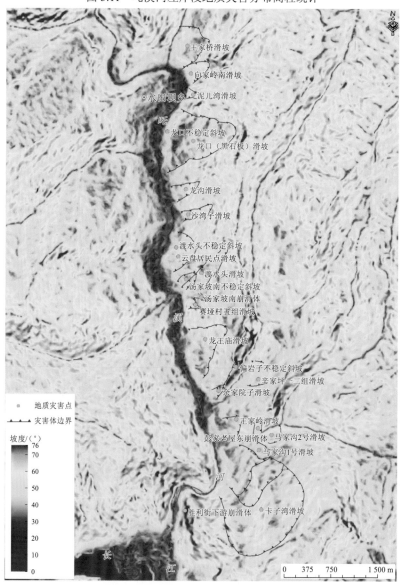

图 3.12 吒溪河左岸段地质灾害分布坡度图

（3）分布坡向（图 3.13）：整体来看，吒溪河左岸河口卡子湾滑坡、马家沟滑坡坡向以北—西北向为主，往北除了彭家老屋东崩滑体与偏岩子不稳定斜坡为南—东南向外，其余灾害点均以西南—南向为主。

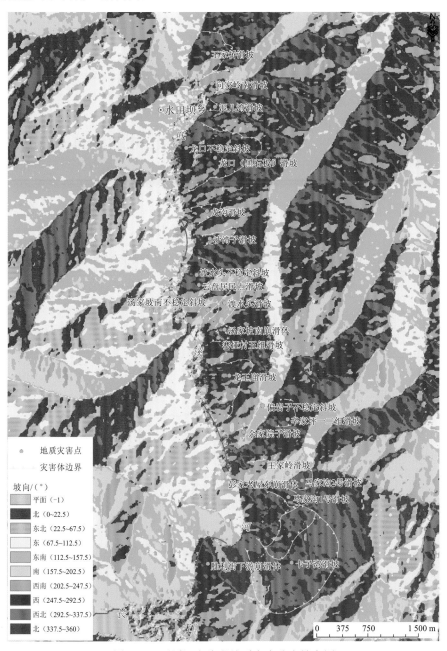

图 3.13　吒溪河左岸段地质灾害分布坡向图

综上，吒溪河左岸段地质灾害体发育的地形地貌特征包括：高程上，主要分布于105～500 m；其中，以马家沟 1 号滑坡为代表的顺层岩质滑坡、以卡子湾滑坡及泥儿湾滑坡为代表的顺层岩土质混合型滑坡，平均高程在 140～350 m，其前后缘高程相比于其他类型灾害体均较低。坡度上，多分布在 12°～30°，平均为 20°左右。坡向上，河口位置的灾害体以北—西北向为主，往北则大部分以西南—南向为主。

3.3.2 地层岩性与工程地质岩组特征

本区位于秭归向斜核部，地层分布以上侏罗统为主（图 2.5、图 3.1、图 3.2 *C—C′* 剖面）。按从老到新顺序，南侧大部分为上侏罗统遂宁组（J₃s）砂岩夹紫红色泥岩，北侧接近核部为上侏罗统蓬莱镇组（J₃p）紫红色泥岩、砂岩不等厚互层。其中，砂岩坚硬但裂隙发育，泥岩岩质较软、易风化。

对于工程地质岩组划分（表 2.4），本区均位于不良工程地质岩组 II-4（坚硬—较坚硬中厚—厚层状砂岩、泥质粉砂岩与泥岩互层岩组）内，而且从南侧河口至北侧水田坝乡集镇对岸，岩性中的砂岩含量逐渐减少，泥岩成分逐渐增多，力学性质也相应地由硬变软。

地质灾害体在各地层与工程地质岩组中的分布见表 3.5、图 3.14。

表 3.5　吒溪河左岸段地质灾害分布地层及工程地质岩组统计

工程地质岩组	地层及岩性	岩性变化特征	已知地质灾害/处	备注
II-4：坚硬—较坚硬中厚—厚层状砂岩、泥质粉砂岩与泥岩互层岩组	上侏罗统遂宁组（J₃s）砂岩夹紫红色泥岩	砂岩含量（多）↓泥岩含量（多）	14	包含区内正在发生变形的顺层岩质滑坡马家沟 1 号滑坡、混合型滑坡卡子湾滑坡
	上侏罗统蓬莱镇组（J₃p）紫红色泥岩、砂岩不等厚互层		9	包含区内已发生的混合型滑坡泥儿湾滑坡

可以看出，吒溪河左岸段有 14 处地质灾害体分布于南段 J₃s，9 处灾害体分布于北段 J₃p，两套地层中均有顺层岩质滑坡或混合型滑坡分布。虽然两套地层均属 II-4 不良地质岩组，但在岩性和沉积结构上还是存在一定的变化，其中南段 J₃s 以中厚—厚层砂岩为主，夹有中厚—薄层紫红色泥岩 [图 3.15（a）]，其中发育有本区的典型代表性顺层岩质滑坡马家沟 1 号滑坡，该滑坡为三峡库区专业监测预警灾害体，目前仍在发生持续变形；北段 J₃p 的泥质成分明显增多，泥岩层厚也逐渐增加 [图 3.15（b）]，其中 2008 年 11 月发生破坏失稳的泥儿湾滑坡就发育在该段范围。

综合分析不难得出，本区砂岩与泥岩互层的岩性组合仍然是本区域发育顺层岩质滑坡灾害的必要条件之一。此外，不容忽视的是，本区还包括两个规模极大但仍存在长期变形的灾害体：南段范围内的卡子湾滑坡，体积达到 $1.2 \times 10^8 \text{ m}^3$，为一巨型混合型滑坡，其前部预警区不断变形；北段范围内的龙口（黑石板）滑坡，体积也达到 $3.57 \times 10^7 \text{ m}^3$，为一特大型土质滑坡，其中前部也长期存在持续变形。毫无疑问，这两个灾害体的发育和变形过程也均与顺层岸坡结构有密切联系。

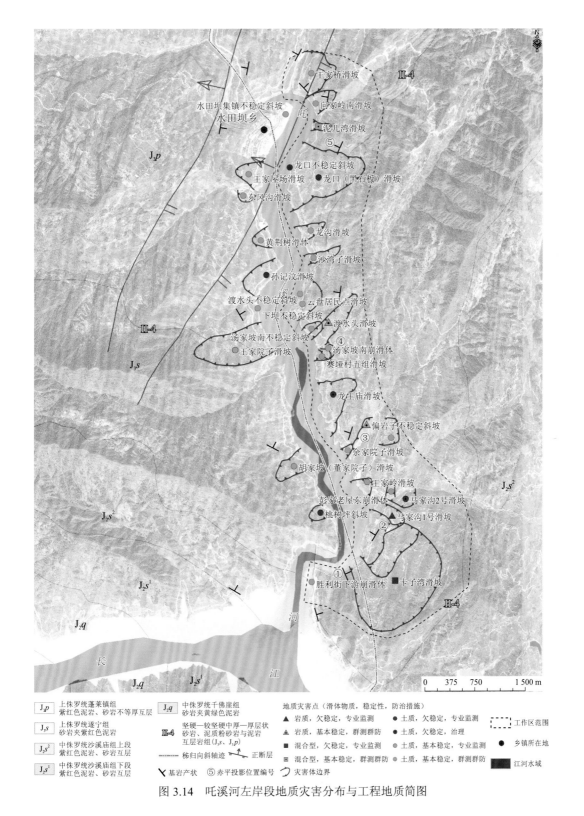

图 3.14　吒溪河左岸段地质灾害分布与工程地质简图

（a）南段 J_3s 中厚层砂岩夹薄层泥岩　　　　（b）北段 J_3p 泥质成分增多、层厚变厚

图 3.15　吒溪河左岸段南北段岩性差异照片

综上，从地层岩性组合来看，吒溪河左岸段砂岩、泥岩互层发育的特性，是孕育顺层滑坡的重要基础。就顺层岩质滑坡而言，该区既出现过已经失稳的灾害体（泥儿湾滑坡），又存在正在发生变形的灾害体（马家沟 1 号滑坡）；同时，该区发育的顺层土质滑坡或混合型滑坡也必须高度重视，尤其是两个规模巨大的灾害体，目前也仍在持续发生变形。

3.3.3　地质构造背景

区域构造上，本区位于秭归向斜盆地核部（图 2.5、图 3.1、图 3.14）。秭归向斜轴迹近南北向延伸，在区内大部均沿吒溪河河床分布，因此吒溪河左右两岸岩层倾向相对，均向河流中央倾斜；至南侧河口位置，河道转弯后汇入长江，但向斜轴迹依然向南延伸，大致从卡子湾滑坡左侧边界穿过，形成一块凹状地形，同时使轴迹两侧的岩层产状相反（图 3.16）。

工作区北侧有 2 条北—北东向断裂（图 2.5、图 3.14），其中位于南侧的兴山断裂总长达到 14 km，为一压性断裂，其朝北—北东向穿过水田坝乡人民政府所在地前部后，从本区最北端的王家桥滑坡前缘穿过。但总体来看，这 2 条断裂对本区内主要地质灾害的分布发育影响不大。

3.3.4　斜坡结构特征

受控于秭归向斜盆地构造，吒溪河左岸段岸坡岩层面倾向可分为两段：第一段从南侧吒溪河河口位置至卡子湾滑坡左边界，范围较小，位于向斜轴迹西侧，因此岩层倾向北东，平均产状为 54°∠35°，属于切向坡结构；第二段从卡子湾滑坡向北覆盖剩余区域，为工作区的主体范围，位于向斜轴迹东侧，因此岩层倾向北西，平均产状为 279°∠41°，为顺向—斜顺向坡结构，灾害体也主要发育于该范围内。

图 3.16　吒溪河左岸段三维遥感场景及秭归向斜轴迹延伸造成的岩层产状变化

沿吒溪河延伸的黄色线条即秭归向斜轴迹

同样，构造节理裂隙也极为发育，其与岩层面及斜坡坡向组合后构成的斜坡结构，是控制区内各类滑坡（包括顺层岩质滑坡）灾害发育及变形演化的另一个重要因素。以下对区内结构面产状及其组合特征进行阐述。

1. 结构面产状统计

本区节理倾向玫瑰花图及主要结构面产状见图 3.17。

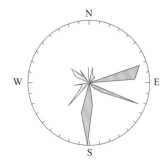

结构面名称	倾向/(°)	倾角/(°)
岩层面1	279	41
岩层面2	54	35
节 理1	80	68
节 理2	113	71
节 理3	182	69

（a）节理倾向玫瑰花图　　　　　　　　（b）结构面产状

图 3.17　吒溪河左岸段岸坡优势结构面统计

区内主要顺层岸坡段的地层平均产状为 279°∠41°。在空间上，工作区中段大部分区域[马家沟 1 号滑坡至龙口（黑石板）滑坡]的岩层倾向在 280°～290°，南（卡子湾滑坡）、北（泥儿湾滑坡至王家桥滑坡）两侧岸坡段倾向在 300°～330°（图 3.2 C—C'剖面）；倾角则没有明显的区域变化特征，多在 36°～40°。节理同样极为发育（图 3.18），主要包括 3 组，分别倾向近东、南东、近南方向，具体产状为 80°∠68°、113°∠71°、182°∠69°，3 组节理均为压剪性节理，节理面大多闭合平直、延伸较长，同时各组节理的倾角也很大，平均达到 70°。

（a）南段彭家老屋东崩滑体区域多组结构面切割后极为破碎的基岩

（b）北段泥儿湾滑坡滑动后出露的多组节理面切割的基岩面

图 3.18　吒溪河左岸段岸坡砂泥岩组合岩体中多组结构面发育的典型照片

2. 斜坡结构及稳定性

表 3.6 为吒溪河左岸段岸坡结构的赤平投影分析结果，各点的具体位置见图 3.14。

表 3.6　吒溪河左岸段岸坡结构的赤平投影分析表

编号及位置	赤平投影	稳定性分析

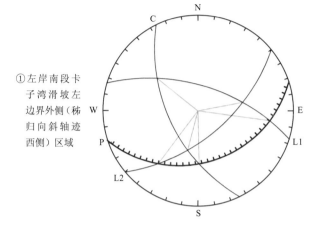

编号	结构面名称	倾向/(°)	倾角/(°)
P	坡面	342	33
C	岩层面	64	56
L1	节理1	197	60
L2	节理2	320	59

组合交线	倾向/(°)	倾角/(°)
P—C	359	32
P—L1	278	16
P—L2	37	20
C—L1	129	32
C—L2	15	44
L1—L2	259	39

①左岸南段卡子湾滑坡左边界外侧（秭归向斜轴迹西侧）区域

岩层面（C）与坡面（P）斜交，构成切向坡；节理 L2 的倾向与坡向基本一致，但倾角大于斜坡倾角，边坡较稳定。岩层面与节理 L2 组合交线的倾向与斜坡倾向相对一致，倾角大于斜坡倾角，边坡基本稳定。综合来看，岩质边坡处于基本稳定状态，但岩体较破碎，易局部崩塌

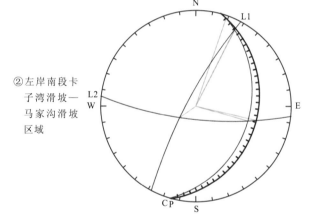

编号	结构面名称	倾向/(°)	倾角/(°)
P	坡面	285	24
C	岩层面	286	31
L1	节理1	118	79
L2	节理2	6	74

组合交线	倾向/(°)	倾角/(°)
P—C	199	2
P—L1	207	5
P—L2	283	24
C—L1	207	6
C—L2	286	31
L1—L2	55	67

②左岸南段卡子湾滑坡—马家沟滑坡区域

岩层面（C）与坡面（P）倾向一致，倾角与斜坡倾角近似，边坡欠稳定；两组节理（L1、L2）的交点位于斜坡投影弧对侧，交线与斜坡倾向相反，边坡稳定。综合来看，岩质边坡处于欠稳定状态

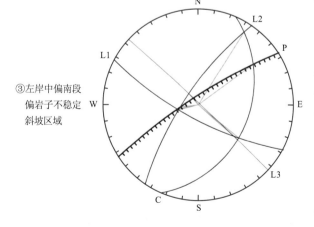

编号	结构面名称	倾向/(°)	倾角/(°)
P	坡面	147	80
C	岩层面	293	34
L1	节理1	28	73
L2	节理2	124	73
L3	节理3	223	88

组合交线	倾向/(°)	倾角/(°)
P—C	234	19
P—L1	79	64
P—L2	83	68
P—L3	144	80
C—L1	309	33
C—L2	212	6
C—L3	312	33
L1—L2	76	65
L1—L3	311	37
L2—L3	139	72

③左岸中偏南段偏岩子不稳定斜坡区域

岩层面（C）与坡面（P）倾向相反，边坡较稳定。4 组结构面中，节理 L2 与 L3 组合交线的倾向与斜坡倾向一致，倾角小于坡面倾角，边坡欠稳定。综合来看，岩质边坡处于欠稳定状态，受结构面切割，岩体破碎，易发生崩塌落石灾害

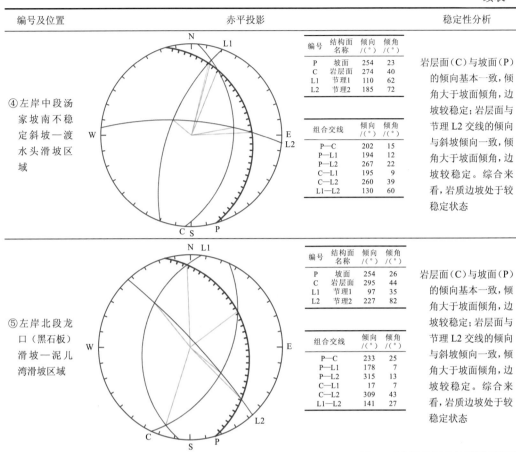

编号及位置	赤平投影	稳定性分析

④左岸中段汤家坡南不稳定斜坡—渡水头滑坡区域

编号	结构面名称	倾向/(°)	倾角/(°)
P	坡面	254	23
C	岩层面	274	40
L1	节理1	110	62
L2	节理2	185	72

组合交线	倾向/(°)	倾角/(°)
P—C	202	15
P—L1	194	12
P—L2	267	22
C—L1	195	9
C—L2	260	39
L1—L2	130	60

岩层面（C）与坡面（P）的倾向基本一致，倾角大于坡面倾角，边坡较稳定；岩层面与节理 L2 交线的倾向与斜坡倾向一致，倾角大于坡面倾角，边坡较稳定。综合来看，岩质边坡处于较稳定状态

⑤左岸北段龙口（黑石板）滑坡—泥儿湾滑坡区域

编号	结构面名称	倾向/(°)	倾角/(°)
P	坡面	254	26
C	岩层面	295	44
L1	节理1	97	35
L2	节理2	227	82

组合交线	倾向/(°)	倾角/(°)
P—C	233	25
P—L1	178	7
P—L2	315	13
C—L1	17	7
C—L2	309	43
L1—L2	141	27

岩层面（C）与坡面（P）的倾向基本一致，倾角大于坡面倾角，边坡较稳定；岩层面与节理 L2 交线的倾向与斜坡倾向一致，倾角大于坡面倾角，边坡较稳定。综合来看，岩质边坡处于较稳定状态

从表 3.6 综合来看，吒溪河左岸段除了河口拐弯（秭归向斜轴迹左侧）区域为切向坡外，其余大部分区域均为顺向—斜顺向坡结构。同时，受 2～3 组节理切割和组合相交作用，要么构成块体边界，要么直接构成潜在滑面，导致整个区域在斜坡结构上均较容易孕育顺层岩质滑坡，其中已失稳破坏的泥儿湾滑坡、正在持续发生变形的马家沟 1 号滑坡等就是证明。

3.4 泄滩河左岸段（Ⅲ区）

本区域目前已知地质灾害点共 6 处（见图 2.11、表 2.5，不包括工作区范围外的大幺姑滑坡），其中 4 处沿泄滩河左岸分布，另外 2 处沿长江左岸分布，其发育特征及规律如下。

3.4.1 地形地貌特征

本区地貌同样属于侏罗系砂泥（页）岩组成的侵蚀构造类型，区内海拔在 700 m 以内，为低山区（图 2.3）。灾害体的地形特征如下。

（1）分布高程（图 3.19、图 3.20）：高程在 140～400 m。其中，除了前缘不涉水（>175 m）的杨家坪滑坡外，其余灾害体的前缘平均高程为 145 m，最低为 140 m，最高为 160 m，后缘平均高程为 289 m，最低为 206 m，最高为 400 m。区内仅卡门子湾滑坡 1 处斜顺层岩质滑坡，其基本位于本工作区库尾端，分布高程为 160～290 m，其前缘相对于其他灾害体较高（位于库区消落带范围内），后缘不高。

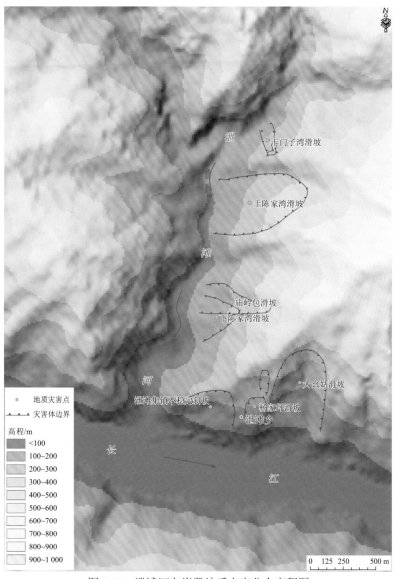

图 3.19　泄滩河左岸段地质灾害分布高程图

（2）分布坡度（图 3.21）：相比于沙镇溪镇周边岸坡段（I 区）与吒溪河左岸段（II 区），泄滩河左岸段岸坡区域的坡度较陡，多在 25°～40°。从 6 个灾害体的分布来看，平均坡度为 25°；杨家坪滑坡坡度相对最小，平均为 15°；卡门子湾滑坡坡度相对最大，达到 38°。

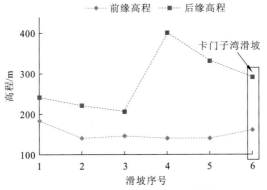

图 3.20　泄滩河左岸段地质灾害分布高程统计

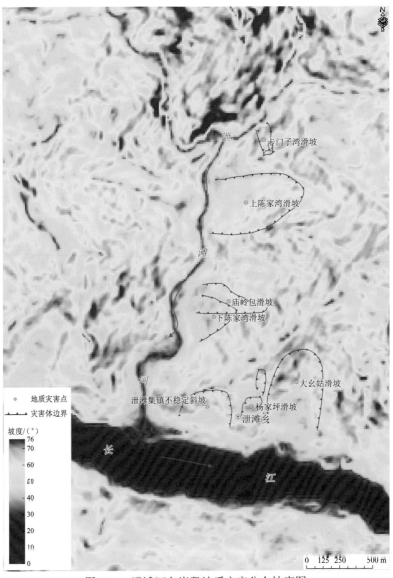

图 3.21　泄滩河左岸段地质灾害分布坡度图

（3）分布坡向（图 3.22）：整体来看，泄滩河左岸河口到上陈家湾滑坡区域坡向以西—西北向为主，再往北到卡门子湾滑坡区域坡向变为西北向；而从泄滩河河口到长江下游大幺姑滑坡区域，包括泄滩集镇不稳定斜坡、杨家坪滑坡等，由于其位于长江北岸，坡向以南向为主。

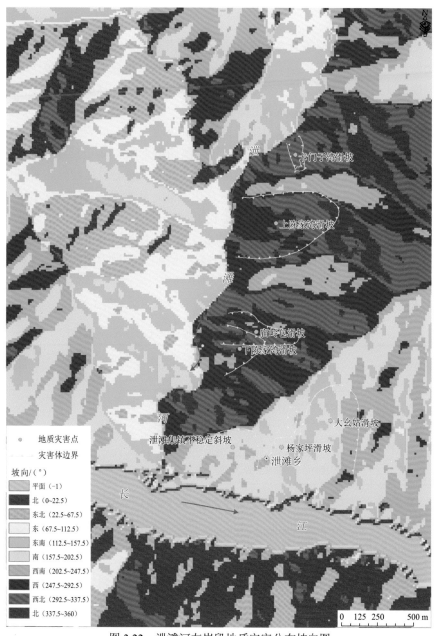

图 3.22　泄滩河左岸段地质灾害分布坡向图

综上，泄滩河左岸段地质灾害体发育的地形地貌特征包括：高程上，主要分布在140～400 m；其中，斜顺层岩质滑坡卡门子湾滑坡的分布高程为 160～290 m，前缘较高

（位于库区消落带内）。坡度上，多分布在 25°～40°，卡门子湾滑坡甚至达到 38°，相比于其他两区，均更陡。坡向上，泄滩河左侧以西—西北向为主，再往北到卡门子湾滑坡区域坡向均为西北向。

3.4.2 地层岩性与工程地质岩组特征

本区地层基本沿泄滩河垂直方向（北西—西至南东—东向）展布（图 2.5、图 3.1）。按从老到新顺序，区内依次出露如下岩层：南侧长江北岸岸坡下部出露范围极小的上三叠统九里岗组（T_3j）黄灰色、深灰色泥质粉砂岩夹碳质页岩、煤层；岸坡上部变为下侏罗统桐竹园组（J_1t），以黄绿色、灰黄色砂质页岩、粉砂岩、石英砂岩为主，夹碳质页岩、煤层；往北泄滩河两岸大部分区域为中侏罗统千佛崖组（J_2q）砂岩夹黄绿色泥岩；再往北至卡门子湾滑坡区域，岩性变化为中侏罗统沙溪庙组下段（J_2s^1）紫红色泥岩、砂岩互层。同样，岩层中砂岩、粉砂岩坚硬但裂隙发育，泥岩、页岩岩质较软、易风化。

对于工程地质岩组划分（表 2.4），本区从南至北，依次可分为 II-5（坚硬—较坚硬中厚—厚层状砂岩、泥质粉砂岩夹页岩煤层岩组，T_3j、J_1t）、II-4（坚硬—较坚硬中厚—厚层状砂岩、泥质粉砂岩与泥岩互层岩组，J_2q、J_2s^1），均为不良工程地质岩组。并且可以看出，从 II-5（长江北岸岸坡）至 II-4（泄滩河两岸），岩层中泥质成分逐渐增多，层厚逐渐变厚，相应地，力学性质也有变化。

地质灾害体在各地层与工程地质岩组中的分布见表 3.7、图 3.23。

表 3.7 泄滩河左岸段地质灾害分布地层及工程地质岩组统计

工程地质岩组	地层及岩性	岩性变化特征	已知地质灾害/处	备注
II-5：坚硬—较坚硬中厚—厚层状砂岩、泥质粉砂岩夹页岩煤层岩组	下侏罗统桐竹园组（J_1t）以黄绿色、灰黄色砂质页岩、粉砂岩、石英砂岩为主，夹碳质页岩、煤层；上三叠统九里岗组（T_3j）黄灰色、深灰色泥质粉砂岩夹碳质页岩、煤层	砂岩夹薄层泥页岩（黄绿色）↓	2	包含三峡库区专业监测滑坡杨家坪滑坡，但区内灾害体整体基本稳定，无明显变形
II-4：坚硬—较坚硬中厚—厚层状砂岩、泥质粉砂岩与泥岩互层岩组	中侏罗统沙溪庙组下段（J_2s^1）紫红色泥岩、砂岩互层；中侏罗统千佛崖组（J_2q）砂岩夹黄绿色泥岩	砂岩、泥岩互层（紫红色）	4	包含治理过的庙岭包滑坡及 2019 年 12 月发生的斜顺层岩质滑坡卡门子湾滑坡

可以看出，位于长江北岸的杨家坪滑坡及泄滩集镇不稳定斜坡位于 J_1t 中，虽然杨家坪滑坡为三峡库区专业监测滑坡，但近年来的监测表明其仅存在局部变形，整体处于基本稳定状态。其余泄滩河左岸区域的 4 处灾害体中，南段的下陈家湾滑坡与庙岭包滑坡（已经治理）位于 J_2q，目前未见明显变形；中段的上陈家湾滑坡及北段的卡门子湾滑坡则位于 J_2s^1 中，其中前者规模较大，但也未见明显整体变形，而卡门子湾滑坡于 2019 年 12 月已经失稳破坏。

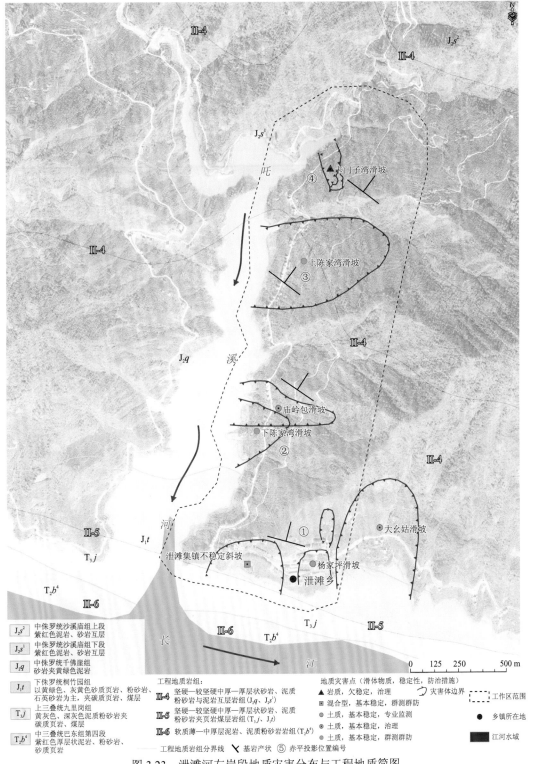

图 3.23　泄滩河左岸段地质灾害分布与工程地质简图

虽然 J_2q 与 J_2s^1 同属于 II-4 不良工程地质岩组，但其岩性还是存在一定的差异（图 3.24），具体表现如下。

（a）左岸段岩性差异及地质灾害体分布位置照片（无人机照片，镜头方向朝北）

（b）J_2q 与 J_2s^1 岩性分界位置照片（地面相机照片，镜头方向为南东）

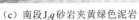

（c）南段 J_2q 砂岩夹黄绿色泥岩　　　　（d）北段 J_2s^1 紫红色泥岩、砂岩互层

图 3.24　泄滩河左岸南北段岩性差异照片

J_2q 以中厚—厚层砂岩夹薄层黄绿色泥岩为主，其整体力学性质较强；而 J_2s^1 以中厚—厚层砂岩与紫红色泥岩互层为主，其泥岩成分明显增多，层厚也明显变厚，因此地层颜色发生了显著变化，而其整体力学性质也相对变弱，这也是卡门子湾滑坡发育其中的重要内因之一。

综上，从地层岩性组合来看，泄滩河左岸全段仍然是砂岩夹泥岩或砂岩、泥岩互层发育，沿岸也有 4 处滑坡灾害体发育。若要关注顺层岩质滑坡，北段 J_2s^1 地层范围自然应是重中之重。

3.4.3　地质构造背景

区域构造上，本区位于秭归向斜盆地西南与百福坪-流来观背斜北翼的复合部位（图 2.5、图 3.1），区内无区域性断层。百福坪-流来观背斜为东端倾伏、西端开阔的弧形褶皱，轴向为北东 $85°$，北翼地层倾角在 $38°\sim54°$，相比于南翼更陡。

由于本区更加靠近秭归向斜盆地核部，同时受到百福坪-流来观背斜的作用，构造挤压更加强烈。对卡门子湾滑坡现场调查发现，其后缘基岩陡壁上明显可见至少两组擦痕（图 3.25），这表明本区域至少经历过两期强烈挤压构造作用，因此区内岩层节理极为发育，岩体极为破碎。

3.4.4　斜坡结构特征

受控于秭归向斜盆地与百福坪-流来观背斜构造，本区内的岩层面主要倾向北—北东（平均倾向为 $35°$，见图 3.23）。由于本工作区岸坡主要分为三段坡向（图 3.22），斜坡结构也可以分为三段，即长江北岸段逆向坡结构、泄滩河河口至上陈家湾滑坡段切向坡结构、卡门子湾滑坡所在岸坡段斜顺向坡结构。

同时，由于构造节理裂隙发育，其与岩层面及斜坡坡向组合后，在很大程度上控制了区内地质灾害，尤其是类似于卡门子湾滑坡的顺层岩质滑坡灾害的发育及变形演化。以下对区内结构面产状及其组合特征进行阐述。

图 3.25 泄滩河左岸卡门子湾滑坡后缘基岩陡壁上的两组擦痕

1. 结构面产状统计

从图 3.26 可以看出，区内地层产状平均为 35°∠42°，但在空间上存在一定变化：长江北岸段岩层倾向在 16°左右，往北进入泄滩河左岸区域后，倾向变为 35°～40°；倾角从北向南逐渐变缓，从超过 50°变到 40°左右（图 3.2 A—A′剖面）。节理发育，至少有 3 组优势节理，主要倾向为北—北西（310°∠56°）、北西—西（284°∠71°）及正南（186°∠66°），而且均为陡倾角。

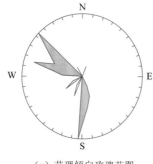

结构面名称	倾向/(°)	倾角/(°)
岩层面	35	42
节理1	310	56
节理2	284	71
节理3	186	66

（a）节理倾向玫瑰花图　　　　　　（b）结构面产状

图 3.26 泄滩河左岸段优势结构面统计

2. 斜坡结构及稳定性

表 3.8 为泄滩河左岸段岸坡结构的赤平投影分析结果，各点的具体位置见图 3.23。

表 3.8　泄滩河左岸段岸坡结构的赤平投影分析表

编号及位置	赤平投影	稳定性分析

①长江北岸大幺姑滑坡—泄滩集镇不稳定斜坡区域

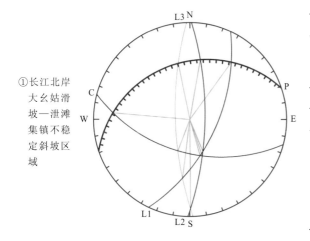

编号	结构面名称	倾向/(°)	倾角/(°)
P	坡面	161	29
C	岩层面	15	52
L1	节理1	295	59
L2	节理2	271	72
L3	节理3	88	73

组合交线	倾向/(°)	倾角/(°)
P—C	95	13
P—L1	216	18
P—L2	190	26
P—L3	168	29
C—L1	344	48
C—L2	341	47
C—L3	21	52
L1—L2	338	51
L1—L3	7	27
L2—L3	359	5

岩层面（C）与坡面（P）倾向相反，构成逆向坡；三组节理 L1、L2、L3 的倾向均与坡向相反或大角度相交，节理与岩层面的组合交线与坡向也相反。综合来看，岩质边坡处于基本稳定状态

②南侧下陈家湾滑坡—庙岭包滑坡区域

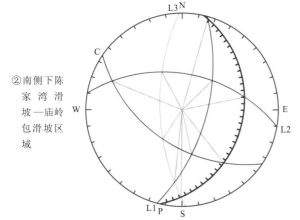

编号	结构面名称	倾向/(°)	倾角/(°)
P	坡面	283	25
C	岩层面	34	50
L1	节理1	285	61
L2	节理2	190	49
L3	节理3	88	64

组合交线	倾向/(°)	倾角/(°)
P—C	322	20
P—L1	196	1
P—L2	258	23
P—L3	1	6
C—L1	348	40
C—L2	112	14
C—L3	34	50
L1—L2	226	43
L1—L3	6	16
L2—L3	152	2

岩层面（C）与坡面（P）垂直相交，节理 L1 的倾向与坡向基本一致，但倾角远大于斜坡倾角，边坡较稳定。岩层面与节理 L1、节理 L1 与 L2 之间的组合交线和斜坡倾向基本一致，但倾角均大于斜坡倾角，边坡较稳定。综合来看，岩质边坡处于较稳定状态

③中段上陈家湾滑坡区域

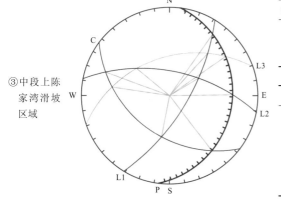

编号	结构面名称	倾向/(°)	倾角/(°)
P	坡面	277	19
C	岩层面	37	46
L1	节理1	301	67
L2	节理2	191	59
L3	节理3	161	43

组合交线	倾向/(°)	倾角/(°)
P—C	323	14
P—L1	215	9
P—L2	269	19
P—L3	235	14
C—L1	11	11
C—L2	110	15
C—L3	98	23
L1—L2	239	48
L1—L3	222	24
L2—L3	130	39

岩层面（C）与坡面（P）垂直相交，节理 L1 的倾向与坡向基本一致，但倾角大于斜坡倾角，边坡较稳定。节理 L1 与 L2 之间的组合交线和斜坡倾向基本一致，但倾角大于斜坡倾角，边坡较稳定。综合来看，岩质边坡处于较稳定状态

续表

编号及位置	赤平投影	稳定性分析

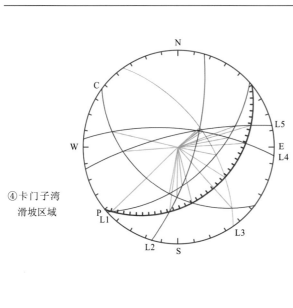

④卡门子湾滑坡区域

编号	结构面名称	倾向/(°)	倾角/(°)
P	坡面	320	31
C	岩层面	37	41
L1	节理1	318	52
L2	节理2	286	70
L3	节理3	235	56
L4	节理4	185	68
L5	节理5	167	75

组合交线	倾向/(°)	倾角/(°)
P—C	346	28
P—L1	46	2
P—L2	8	22
P—L3	302	30
P—L4	267	20
P—L5	253	13
C—L1	11	38
C—L2	1	35
C—L3	318	10
C—L4	103	19
C—L5	86	30
L1—L2	354	46
L1—L3	281	46
L1—L4	259	34
L1—L5	250	25
L2—L3	228	56
L2—L4	233	59
L2—L5	232	58
L3—L4	238	56
L3—L5	234	56
L4—L5	228	61

本区发育 5 组节理,与岩层面组成的 6 组结构面对边坡稳定性影响较大。岩层面(C)与坡面(P)大角度相交,边坡较稳定;节理 L1 的倾向与坡向一致,但倾角大于斜坡倾角,边坡较稳定;岩层面与节理 L3 的组合交线和斜坡倾向基本一致,倾角小于斜坡倾角,边坡欠稳定。另有几组结构面的组合交线与坡向基本一致,但倾角均大于斜坡坡度,处于基本稳定状态。综合来看,岩质边坡处于欠稳定状态,卡门子湾滑坡就是证明

从表 3.8 综合来看,与其他两个工作区相比,泄滩河左岸段岸坡结构最为特殊,均非严格的顺向坡结构。严格来说,除了南段长江北岸为逆向坡结构外,泄滩河南侧大段(上陈家湾滑坡以南)均为切向坡结构,而卡门子湾滑坡所在的北段斜坡也仅为斜顺向坡结构。虽然岩体中存在一组与左岸坡向一致的结构面(节理 L1),但由于其倾角均大于斜坡坡度,理论上该段岩质边坡应该处于较稳定状态。但事实上仍然发生了卡门子湾滑坡,这说明该区域受强烈构造挤压而形成的多组节理面之间及节理面与岩层面间的相互切割,对构成滑动块体边界或潜在滑面起到了重要作用。第 4 章将以卡门子湾滑坡为例分析本区域岩质滑坡的孕灾模式。

3.5　孕灾环境特征总结

基于上述分析,总结区内顺层岩质滑坡的孕灾环境特征,如表 3.9 所示。

表 3.9　三处工作区顺层岩质滑坡孕灾环境特征表

工作区		沙镇溪镇周边岸坡段 （Ⅰ区）	吒溪河左岸段 （Ⅱ区）	泄滩河左岸段 （Ⅲ区）
典型顺层岩质滑坡		千将坪滑坡、杉树槽滑坡	泥儿湾滑坡、马家沟 1 号滑坡	卡门子湾滑坡
地形 地貌	高程/m	100～410	140～350	160～290
	坡度/（°）	15～30	20～30	25～40
	坡向	东南	西南—南、北—西北	西北
地层 岩组	地层岩性	中侏罗统千佛崖组（J_2q）砂岩夹黄绿色泥岩	上侏罗统遂宁组（J_3s）砂岩夹紫红色泥岩；上侏罗统蓬莱镇组（J_3p）紫红色泥岩、砂岩不等厚互层	中侏罗统沙溪庙组下段（J_2s^1）紫红色泥岩、砂岩互层
	工程地质岩组	II-4：坚硬—较坚硬中厚—厚层状砂岩、泥质粉砂岩与泥岩互层岩组		
地质构造		秭归向斜盆地西南与百福坪-流来观背斜南翼的复合部位	秭归向斜盆地核部轴迹东侧	秭归向斜盆地西南与百福坪-流来观背斜北翼的复合部位
斜坡 结构	岩层面与斜坡	岩层平均产状为 113°∠21°，典型顺向坡	岩层平均产状为 279°∠41°，典型顺向—斜顺向坡	岩层平均产状为 35°∠42°，斜顺向坡
	控制性结构面	岩层面及其与 2 组节理的交线将岩体切割为楔形体，并控制边坡稳定性	岩层面及其与 2 组节理的交线将岩体切割为楔形体，并控制边坡稳定性（马家沟 1 号滑坡）；岩层面及其与 1 组节理的交线控制边坡稳定性（泥儿湾滑坡）	一组顺坡向陡倾节理及多组结构面（包括岩层面）之间的交线将岩体切割为极为破碎的楔形体组合结构，并控制边坡稳定性

从表 3.9 中可以看出，受秭归向斜盆地区域构造及相应沉积环境的控制，工作区内顺层岩质滑坡的孕灾环境内因至少包括如下三个不利条件。

（1）以砂岩、泥岩不等厚互层为特征的不利地层岩性组合条件。

（2）以秭归向斜、百福坪-流来观背斜的强烈挤压作用导致的岩体极为破碎为特征的不利构造条件。

（3）以斜坡岩体同时被至少一组顺层结构面与其余多组结构面的组合交线切割为特征的不利结构面组合条件。

当然，虽然工作区均有孕育顺层岩质滑坡的不利地质环境条件，但事实表明，其中各处已经发生的灾害却并非千篇一律，反而是各具特点。这充分表明，极有必要进一步对工作区内各处典型顺层岩质滑坡灾害进行个体剖析，以更加精细化地揭示各灾害体的孕灾结构特征，从而为隐患识别提供重要前提和依据。

3.6　本　章　小　结

孕灾环境分析有助于揭示地质灾害易发的环境本底条件及其组合。

虽然从地形地貌、地层岩性与工程地质岩组、地质构造、斜坡结构等方面来看，三处工作区内顺层岩质滑坡的孕灾环境条件有所差异，但也具有很多共同特征，包括：坚硬—较坚硬中厚—厚层状砂岩、泥质粉砂岩与泥岩互层的工程地质岩组；顺向—斜顺向的坡体结构；多组结构面的组合交线切割形成的破碎岩体；等等。

总之，工作区内顺层岩质滑坡的孕灾环境内因至少包括地层岩性组合、构造与斜坡结构三个不利条件。

第 4 章

顺层岩质水库滑坡典型孕灾模式
及其综合遥感判识标志

4.1 工作区孕灾模式分析

孕灾模式本指顺层岩质滑坡灾害的孕育过程，即在水库蓄水及水位升降、降雨、人类工程活动等作用下，岩质斜坡中特定的孕灾结构体由稳定到发生变形，直至失稳破坏的灾变动态演化过程。因此，孕灾模式可理解为

孕灾模式＝孕灾（静态）结构模型＋灾变（动态）演化过程

即由地质构造内因作用孕育出的特殊孕灾结构模型（是相对静态的地质结构模型），在库水升降、降雨等外部诱因作用下发生的灾变演化过程（是动态的从变形到破坏的全过程）。

因为主要研究目的是针对目前区内仍然未知的潜在顺层岩质滑坡隐患开展早期识别，所以待识别的潜在隐患体绝大多数还未发生变形或还未发展到明显可观（探）测的变形演化过程；另外，从已经发生失稳破坏的灾害体来看，工作区内顺层岩质滑坡的发生多为突发型，即前期变形演化过程本身就极不显著。因此，本章对孕灾模式的分析将把重点放在孕灾（静态）结构模型上，即通过剖析区内已经发生的典型代表性顺层岩质滑坡的地质结构模型，总结其共性表征和规律，在此基础上结合多源遥感数据类型与特点建立综合遥感判识标志，从而为该类滑坡隐患重点易发靶区的圈定与最终识别提供依据。

具体分析过程中，将顺层岩质滑坡孕灾体视为不稳定六面体结构，以三处工作区内典型代表性灾害体为对象，通过资料收集、现场调查、无人机调查、工程地质类比等手段与方法，重点对各灾害体的物质组成及其滑动前的边界条件进行特征分析与规律总结，以建立相应的孕灾（静态）结构模型。

4.1.1 沙镇溪镇周边岸坡段（Ⅰ区）

1. 千将坪滑坡

千将坪滑坡发生于 2003 年 7 月 13 日，是三峡水库蓄水后发生的首个特大型岩质滑坡（张振华 等，2018；Jian et al.，2014；肖诗荣 等，2010；Wang et al.，2004）。

滑坡位于沙镇溪镇周边岸坡段（Ⅰ区）中的青干河左岸（图 3.1、图 3.7），为一半圆弧形凸岸地貌的岸坡（图 4.1）。

滑坡在平面上后窄前宽，呈"簸箕"状［图 4.2（a）］，最大长度为 1 205 m，平面面积为 0.52 km²，体积为 1.718×10⁷ m³。岸坡前缘为 10°～15° 的缓坡，中后部为 25°～30° 的斜坡，纵剖面上呈"上陡下缓前临空"的靠椅状地形［图 4.2（b）、图 4.3（b）］。

滑坡后缘直到滑坡所在斜坡坡顶，高程 410 m（图 4.1～图 4.3）；前缘受青干河侵蚀冲刷形成 30～40 m 高的临空陡崖，剪出口位于河岸高程 90～100 m 的位置；左（东）侧边界为一组走向北西的陡倾角结构面；右（西）侧边界为同样受青干河侵蚀冲刷形成的陡崖临空面。总体来说，其有 3 个自由边界（前、后、右）和 1 个约束边界（左）。

图 4.1 千将坪滑坡所在青干河左岸区域的三维地形地貌影像

（a）滑坡全貌照片（Jian et al., 2014）　　　（b）滑坡侧视照片（Wang et al., 2004）

图 4.2 千将坪滑坡滑动后照片

滑坡滑体主要由块裂岩体组成，平均厚度约为 25 m，最厚约为 50 m；岩性为中厚层粉砂质泥岩、泥质粉砂岩夹厚层长石石英砂岩，一般呈强—弱风化状态[图 4.4（a）]；上部还残留有卵石、砾石等松散物质[图 4.4（b）]。滑带可分为两大部分（张振华 等，2018；肖诗荣 等，2010），即顺层滑带和切层滑带，顺层滑带位于整个滑带的中后部，滑坡发生前为含碳质页岩的顺层层间错动带[图 4.4（c）]，倾角约为 30°；切层滑带位于整个滑带的前部，滑坡发生前为一缓倾角非连续结构面（包括一组缓倾角裂隙和其间的岩桥）。滑坡基岩（滑床）为中侏罗统千佛崖组（J_2q）碎屑岩，主要为微风化、新鲜的中厚层泥质粉砂岩、紫红色粉砂质泥岩、厚层石英砂岩，含碳质页岩条带，受结构面切割，极为破碎[图 4.4（d）]。

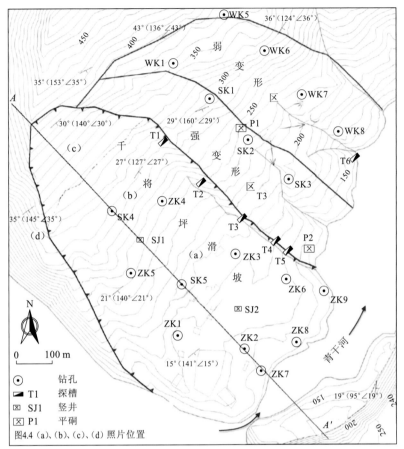

（a）工程地质平面图（Jian et al.，2014）

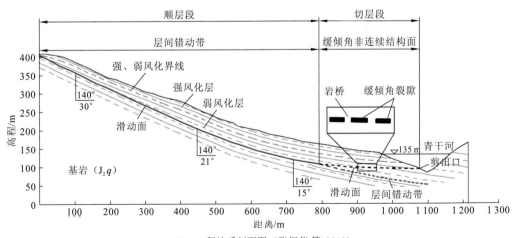

（b）工程地质剖面图（张振华 等，2018）

图 4.3　千将坪滑坡工程地质图

（a）滑动后残留的块裂岩体（滑体）

（b）滑体上部的卵石、砾石（滑体）

（c）后缘壁的碳质页岩（中后部滑带）

（d）滑坡西侧出露的被结构面切割破碎的基岩（滑床）

图 4.4　千将坪滑坡物质组成特征照片（Jian et al.，2014）

具体位置见图 4.3（a）中相应编号

根据千将坪滑坡区域赤平投影（图 4.5），结合其工程地质剖面图 [图 4.3（b）]，不难得出：岩层面（C）与坡面（P）倾向一致，其倾角与斜坡中后部倾角相近（30°左右），至前部斜坡倾角变缓（20°以下），这样前部岩层面的倾角就大于斜坡坡度；同时，两组节理（L1、L2）的交点位于斜坡投影弧对侧，交线与斜坡倾向相反。上述正常情况下，斜坡应处于较稳定状态。

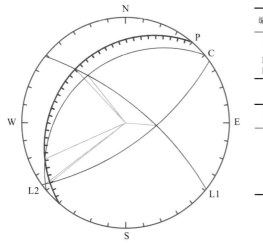

编号	结构面名称	倾向/(°)	倾角/(°)
P	坡面	130	20
C	岩层面	140	30
L1	节理1	219	70
L2	节理2	324	67

组合交线	倾向/(°)	倾角/(°)
P—C	66	9
P—L1	137	20
P—L2	52	4
C—L1	141	30
C—L2	53	2
L1—L2	275	57

图 4.5　千将坪滑坡区域赤平投影图

然而，千将坪滑坡仍然发生了失稳破坏，从其结构上分析应有以下几个关键点：①滑坡左侧的陡倾角结构面（图 4.5 中的 L1）将岩质坡体从其左侧母体中切割分离；②滑坡右侧受青干河侵蚀冲刷形成的陡崖临空面为其提供了不受约束的右侧自由边界；③斜坡前部缓倾角的非连续结构面逐渐演化发展为切层滑带，而且该滑带的剪出位置正好处于青干河左岸临空陡崖上，为滑坡提供了朝向青干河的滑动空间。

综上所述，千将坪滑坡孕灾结构模式见表 4.1。同时，采用纵、横剖面概化千将坪滑坡的孕灾六面体结构模式，见图 4.6。

表 4.1　千将坪滑坡孕灾结构模式特征表

模式项		模式内容
岸坡类型		缓倾顺向坡
破坏模式		顺层滑移-弯曲式
孕灾（六面体）结构条件	斜坡表面	"上陡下缓前临空"的靠椅状地形
	底部滑带	中后部顺层滑带，前部切层滑带
	前缘剪出口	河流冲刷侵蚀河岸形成的陡崖临空面，剪出口高程为 90～100 m
	后缘边界	斜坡坡顶，高程 410 m
	左侧边界	顺坡向延伸的一组长直陡倾角结构面
	右侧边界	陡崖临空面
	边界特征	3 个自由边界（前、后、右）+1 个约束边界（左）
物质组成条件	滑体	块裂岩体
	滑带	中后部含碳质页岩的平直顺层层间错动带，前部缓倾角切层非连续结构面
	滑床	中侏罗统千佛崖组（J$_2$q）碎屑岩，中厚层泥质粉砂岩、紫红色粉砂质泥岩、厚层石英砂岩，含碳质页岩条带

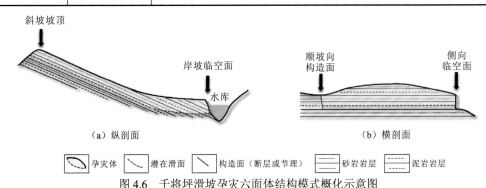

（a）纵剖面　　　　　　　　　　（b）横剖面

图 4.6　千将坪滑坡孕灾六面体结构模式概化示意图

2. 杉树槽滑坡

杉树槽滑坡发生于 2014 年 9 月 2 日 13 时 19 分（Huang et al.，2019；易武和黄鹏程，2016；Huang et al.，2015；Xu et al.，2015；王鸣和易武，2015）。滑坡位于沙镇溪镇周边岸坡段（I 区）中的锣鼓洞河左岸（图 3.1、图 3.7），在一个倾向南东的单面坡上（坡顶高程超过 400 m），距离青干河左岸的千将坪滑坡仅 1.5 km（图 4.7）。

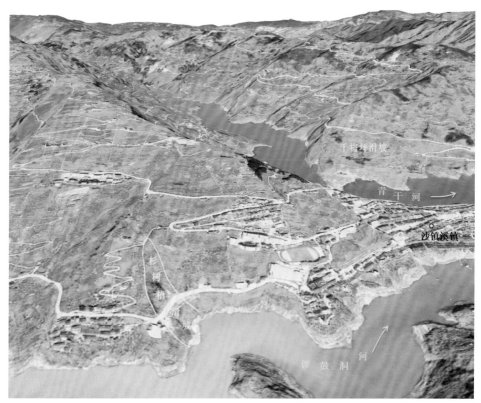

图 4.7　杉树槽滑坡与千将坪滑坡所在位置的三维地形地貌影像

滑坡在平面上呈前后基本等宽但发生偏转的"长舌"状（图 4.8）。均长为 300 m，均宽为 130 m，面积为 3.9×10^4 m^2，分布高程为 145～285 m。滑坡由南侧的岩质主滑体与北侧的次级土质滑体构成[图 4.9（a）]，此处仅针对岩质滑体部分进行分析。岩质滑体长 329 m，均宽为 60 m，面积为 2×10^4 m^2。滑体所在原始斜坡总体平直完整，坡度在 20° 左右，前部大致在 165 m 以下的岸坡段变陡，坡度约为 30°。因此，纵剖面上呈"上下平直前临空"的单面山地形[图 4.9（b）]。

（a）无人机拍摄照片（镜头方向朝西）　　　（b）地面拍摄照片（镜头方向朝西南）

图 4.8　杉树槽滑坡（岩质部分）滑动后全貌照片

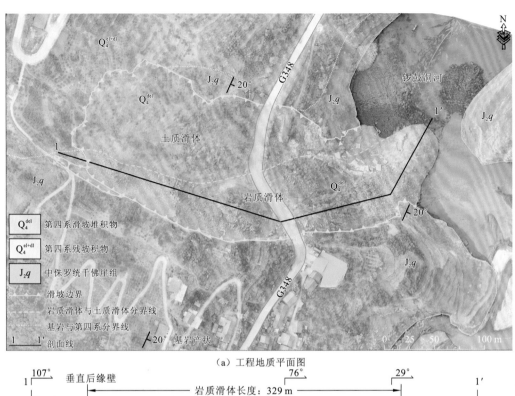

（a）工程地质平面图

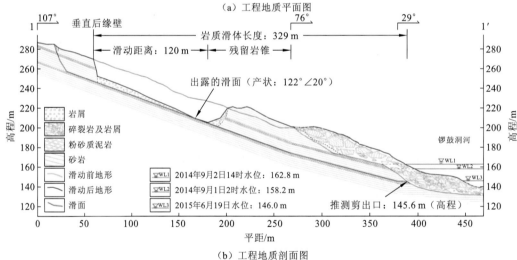

（b）工程地质剖面图

图 4.9　杉树槽滑坡工程地质图（Huang et al.，2019）

　　杉树槽滑坡南侧岩质滑体部分后缘高程为 285 m，为一组近垂直坡向的陡倾角结构面（图 4.8～图 4.10）；前缘受锣鼓洞河侵蚀冲刷形成临空陡崖[图 4.10（a）]，目前对于滑坡剪出口的具体高程有多种推测，主要有 115.6 m（Huang et al.，2019）、133 m（易武和黄鹏程，2016）、180 m（Huang et al.，2015）、150 m（Xu et al.，2015）等，但总之均认为是从锣鼓洞河左岸的陡崖临空面上剪出的；岩质滑体左（北）侧边界为一季节性冲沟，冲沟内侧出露基岩，外侧为碎石土；右（南）侧边界为一顺坡向的陡倾角结构面，该边界结构面与滑坡前原始坡体上存在的一个高度达到 20 m 的顺坡向悬崖[图 4.10（a）]

应属同一组结构面。因此，归纳起来，其有 2 个自由边界（前、左）和 2 个约束边界（后、右）。

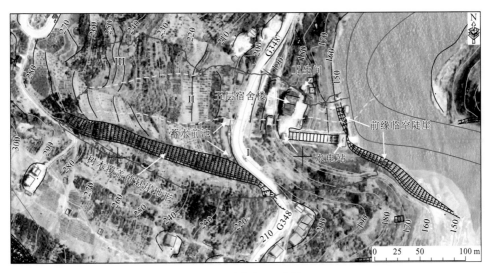

（a）滑动前地形影像图

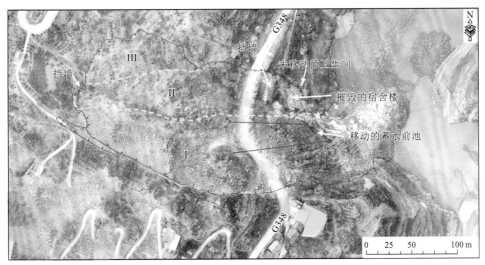

（b）滑动后无人机影像图

　· — · —　滑坡边界　　— — —　滑坡子区分界线　　II 滑坡子区编号　　—— 滑动矢量线

图 4.10　杉树槽滑坡滑动前后影像解译图（Huang et al.，2019）

滑坡岩质滑体主要由块裂岩体组成，厚度为 25～30 m，岩性为厚层砂岩夹薄层粉砂质泥岩（图 4.11）。从滑坡右后部边界可以明显看出，滑体部分从上到下依次为砂岩—粉砂质泥岩—砂岩—粉砂质泥岩，其中两套粉砂质泥岩的顶面均形成滑面（图 4.12）。滑带主要为顺层层间剪切错动带，厚 20～30 cm，由灰绿色、紫红色含角砾黏性土构成，含水量较高，呈软塑状，角砾定向排列，磨圆度不高，粒径一般为 1 cm，局部为 5 cm（图 4.13）；至于前部是否存在缓倾角结构面形成的切层滑带并不明确。滑坡基岩（滑床）

为中侏罗统千佛崖组（J_2q）碎屑岩，主要为厚层石英砂岩与薄层粉砂质泥岩的互层结构，部分含碳质页岩条带，受结构面切割，极为破碎（图4.14）。

图4.11 杉树槽滑坡岩质滑体特征照片

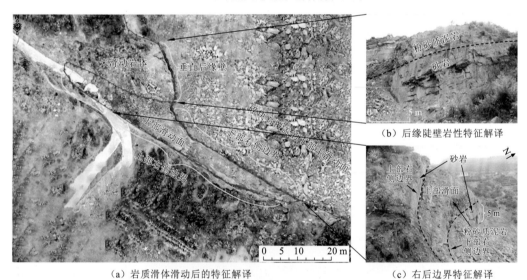

（a）岩质滑体滑动后的特征解译 　　　　　　　（c）右后边界特征解译

图4.12 杉树槽滑坡右后部边界特征（Huang et al.，2019）

图4.13 杉树槽滑坡滑带物质组成照片（易武和黄鹏程，2016）

图 4.14　杉树槽滑坡滑床基岩照片

　　根据杉树槽滑坡区域赤平投影（图 4.15），结合其工程地质剖面图[图 4.9（b）]，不难得出：岩层面（C）与坡面（P）倾向一致，倾角相同；节理 L1 与岩层面的交点位于斜坡投影弧同侧，交线与斜坡倾向一致。因此，综合来看，岩质边坡本就处于欠稳定状态。

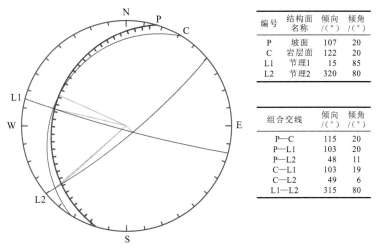

编号	结构面名称	倾向/(°)	倾角/(°)
P	坡面	107	20
C	岩层面	122	20
L1	节理1	15	85
L2	节理2	320	80

组合交线	倾向/(°)	倾角/(°)
P—C	115	20
P—L1	103	20
P—L2	48	11
C—L1	103	19
C—L2	49	6
L1—L2	315	80

图 4.15　杉树槽滑坡区域赤平投影图

　　然而，杉树槽滑坡要发生最终的失稳破坏，其结构上应具备以下几个关键点：①滑坡后部近垂直坡向的一组陡倾角结构面（图 4.15 中的 L2）、滑坡右（南）侧顺坡向的另一组陡倾角结构面（图 4.15 中的 L1），分别从后部与右侧将岩质坡体从其母体中切割分离；②滑坡体向左（北）侧横跨过约 20 m 高的顺坡向悬崖后，地形高程变低，同时一季节性冲沟将南侧岩质滑体与北侧土体分离，从而为岩质滑体提供了不受约束的左侧自由边界；③斜坡前部锣鼓洞河河岸形成陡崖临空面后，即使滑带在前部顺层而非向上切层剪出，其剪出口也仍然位于陡崖临空面上[图 4.9（b）中 145.6 m 高程的剪出口就是如此推测得到]，即前部河岸临空面为滑坡剪出滑动提供了运动空间。

　　综上所述，杉树槽滑坡孕灾结构模式见表 4.2。同时，采用纵、横剖面概化杉树槽滑坡的孕灾六面体结构模式，见图 4.16。

表 4.2　杉树槽滑坡孕灾结构模式特征表

模式项		模式内容
岸坡类型		缓倾顺向坡
破坏模式		顺层平推式
孕灾（六面体）结构条件	斜坡表面	"上下平直前临空"的单面山地形
	底部滑带	主要部分为顺层层间剪切错动带，前部是否存在切层滑带不明确
	前缘剪出口	河流冲刷侵蚀河岸形成的陡崖临空面，剪出口高程为 145.6 m
	后缘边界	近垂直坡向的一组陡倾角结构面，高程为 285 m
	左侧边界	临空面+冲沟地形
	右侧边界	顺坡向延伸的另一组长直陡倾角结构面
	边界特征	2 个自由边界（前、左）+2 个约束边界（后、右）
物质组成条件	滑体	块裂岩体
	滑带	主体为平直顺层层间剪切错动带，前部是否存在缓倾角结构面形成的切层滑带不明确
	滑床	中侏罗统千佛崖组（J_2q）碎屑岩，厚层石英砂岩与薄层粉砂质泥岩互层，含碳质页岩条带

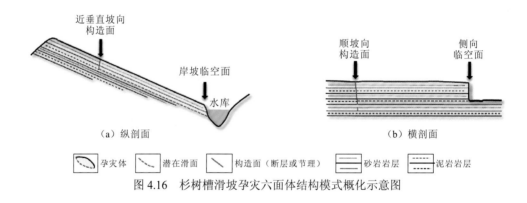

（a）纵剖面　　　　　　　　　　　　（b）横剖面

图 4.16　杉树槽滑坡孕灾六面体结构模式概化示意图

4.1.2　吒溪河左岸段（II 区）

1. 泥儿湾滑坡

　　泥儿湾滑坡于 2008 年 11 月 5 日开始出现变形（赵能浩和易庆林，2016；田正国和卢书强，2012），滑坡下部的公路鼓胀隆起，并顺坡向推移变形；2008 年 11 月 8 日，变形进一步加剧，出现整体变形迹象；至 2008 年 11 月 9 日，滑坡整体下滑，后缘滑坡体下沉台坎高达 6 m，后缘面斜长约 10 m。滑坡下部公路变形加剧，路面向外侧的水平位移达 1.0 m，下沉约 0.8 m。滑坡体上树木、电线杆歪斜，滑坡前缘不断有岩土体坍塌入水库。

　　泥儿湾滑坡位于吒溪河左岸段（II 区）北侧、水田坝乡集镇正对岸（图 3.1、图 3.14），也正好处于受秭归向斜与兴山断裂影响吒溪河流向发生大拐弯的凹岸岸坡位置（图 4.17）。

图 4.17　泥儿湾滑坡所在吒溪河左岸北侧拐弯区域的三维地形地貌影像

泥儿湾滑坡属于老滑坡，历史上曾发生过滑动，圈椅状地形明显。滑坡平面形态呈"长舌"状，分南、北两个滑体（图 4.18）：北侧为岩质滑体，也是泥儿湾滑坡的主滑区，其后缘宽 25～30 m，前缘宽 100 m，纵长近 300 m，分布高程为 150～310 m，体积约为 5×10^5 m³，主滑方向为 260°；南侧为土质滑体，为北侧岩质主滑体的牵引变形区，体积约为 3×10^5 m³。以下以分析北侧岩质主滑体特征为主。

岩质滑体在原始地形上具有三级平台（图 4.19）。其中，后缘平台明显，坡度约为 15°；中下部平台较窄，下部坡度约为 50°；前缘临空坡段高约 15 m，坡度大于 60°。因此，纵剖面上呈"上缓下陡前临空"的台阶状折线形地形特征[图 4.18（b）、图 4.19（b）]。

（a）2008 年 11 月 172 m 高水位时的变形破坏照片
（三峡大学地质灾害防治研究院和湖北省岩崩滑坡研究所，2009）

（b）2009年6月145 m低水位时全貌照片
（三峡大学地质灾害防治研究院和湖北省岩崩滑坡研究所，2009）

（c）2020年现状照片
图4.18　泥儿湾滑坡全貌照片

岩质滑坡滑动前，其后缘外侧已出露顺层基岩面，因此后缘滑动从原始出露基岩面下方的滑体位置开始，高程约为 310 m，滑动后滑体下沉台坎达 6 m，后缘滑床面斜长达 10.5 m[图 4.20（a）、（b）]。前缘受吒溪河侵蚀冲刷形成 15 m 高的临空面，剪出口位于河岸高程 150 m 左右的位置[图 4.20（c）]。右（北）侧边界由两组陡倾节理面相互切割形成折线形阻滑约束边界[图 4.20（a）、（d）]，也正因为该边界的存在，岩质滑体并非完全顺岩层面倾向滑动，而是顺岩层面向左（南）侧滑；左（南）侧边界后部直接到坡顶位置，中前部为岩土界面，总体看为一无约束自由边界。因此，泥儿湾滑坡应该也是 3 个自由边界（前、后、左）+1 个约束边界（右）。

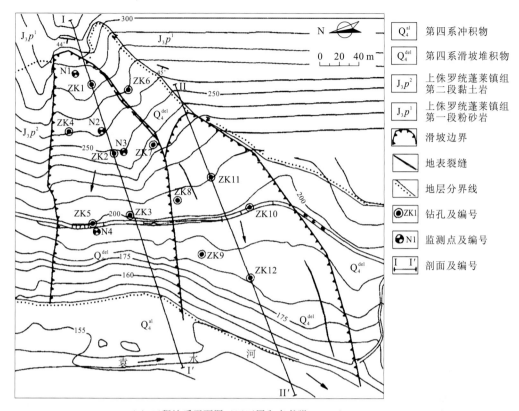

（a）工程地质平面图（田正国和卢书强，2012）

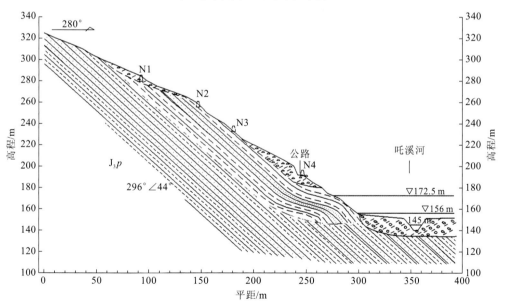

（b）工程地质剖面图（三峡大学地质灾害防治研究院和湖北省岩崩滑坡研究所，2009）

图 4.19　泥儿湾滑坡工程地质图

（a）滑坡后部边界特征照片

（b）滑坡后缘顺层滑壁照片（三峡大学
地质灾害防治研究院和湖北省岩崩滑坡研究所，2009）

（c）滑坡前缘临空面特征照片（三峡大学
地质灾害防治研究院和湖北省岩崩滑坡研究所，2009）

（d）滑坡后部右侧边界特征照片

图 4.20　泥儿湾滑坡岩质滑体边界特征照片

岩质滑体主要由块裂岩体组成，平均厚度为 20 m，最大厚度约为 47 m，岩性为石英砂岩、泥质粉砂岩、粉砂质泥岩，钻孔揭露滑带以上仍存在不连续的较完整岩体；局部上覆第四系碎石土。滑带也分为两部分，即顺层滑带和切层滑带[图 4.19（b）]，中后部顺层滑带（推测在 160 m 高程以上）部分，岩性为褐红色黏土岩碎石土，厚约 1 m；160 m 高程以下切层滑带，主要是后部顺层滑体向前挤压，岩层面发生溃曲而形成的缓倾角结构面，其斜切过顺层岩体并在高程大约为 150 m 的河岸临空面上剪出。滑床为上侏罗统蓬莱镇组（J₃p）紫红色泥岩、砂岩不等厚互层[图 4.20（d）]。图 4.21 显示了现今滑坡体外侧顺层基岩（中厚—厚层石英砂岩与薄—中厚层紫红色泥岩互层结构）在岸坡前部仍然存在弯曲迹象的现场照片。

根据泥儿湾滑坡区域赤平投影（图 4.22），结合其工程地质剖面图[图 4.19（b）]，不难得出：岩层面（C）与坡面（P）倾向基本一致，倾角大于坡面倾角，边坡较稳定；岩层面与节理 L1 交线的倾向与斜坡倾向一致，倾角大于坡面倾角，边坡较稳定。上述正常情况下，岩质边坡应处于较稳定状态。

图 4.21　泥儿湾滑坡附近顺层岸坡基岩物质组成及结构特征照片

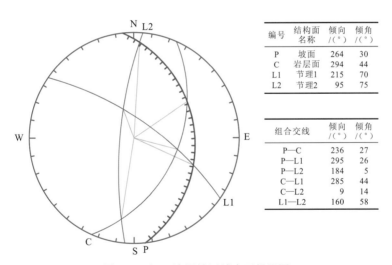

编号	结构面 名称	倾向 /(°)	倾角 /(°)
P	坡面	264	30
C	岩层面	294	44
L1	节理1	215	70
L2	节理2	95	75

组合交线	倾向 /(°)	倾角 /(°)
P—C	236	27
P—L1	295	26
P—L2	184	5
C—L1	285	44
C—L2	9	14
L1—L2	160	58

图 4.22　泥儿湾滑坡区域赤平投影图

　　然而，泥儿湾滑坡仍然发生了失稳破坏，从其结构上分析应有以下几个关键点：①滑坡右（北）侧两组陡倾节理面相互切割形成的阶梯状边界将岩质坡体从其右侧母体中切割分离，并且限制了岩质滑体顺着岩层面朝真倾角方向的滑动；②滑坡后部在滑动前就已经出露的后缘壁及滑坡右侧的临空面提供了不受约束的自由边界及发生视向滑动的空间；③斜坡前部受后部顺层滑体向前挤压，岩层面发生溃曲形成缓倾角结构面，逐渐贯通后在河岸临空面上剪出，提供了滑坡向河滑动的运动空间。

　　综上所述，泥儿湾滑坡孕灾结构模式见表 4.3。同时，采用纵、横剖面概化泥儿湾滑坡的孕灾六面体结构模式，见图 4.23。

表 4.3　泥儿湾滑坡孕灾结构模式特征表

模式项		模式内容
岸坡类型		陡倾斜顺向坡
破坏模式		视倾向顺层滑移-弯曲式
孕灾（六面体）结构条件	斜坡表面	"上缓下陡前临空"的台阶状折线形地形
	底部滑带	中后部顺层滑带，前部切层滑带
	前缘剪出口	河流冲刷侵蚀河岸形成的临空面，剪出口高程为 150 m
	后缘边界	出露基岩面
	左侧边界	后部为坡顶，中前部为岩土界面
	右侧边界	两组陡倾节理面相互切割形成折线形边界
	边界特征	3 个自由边界（前、后、左）+1 个约束边界（右）
物质组成条件	滑体	块裂岩体
	滑带	中后部平直顺层滑带，前部岩层面溃曲形成的缓倾角结构面
	滑床	上侏罗统蓬莱镇组（J_3p）紫红色泥岩、砂岩不等厚互层

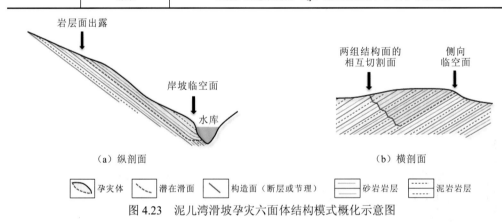

（a）纵剖面　　　　　　　　　　　（b）横剖面

图 4.23　泥儿湾滑坡孕灾六面体结构模式概化示意图

2. 马家沟 1 号滑坡

马家沟滑坡属于三峡库区后续规划阶段的专业监测滑坡（三峡大学，2021）。滑坡自 2003 年三峡库区首次蓄水至 135 m 的三个月以后开始出现变形，随后直至今日一直处于蠕滑变形状态。这期间为了防治该滑坡，曾在 2007 年采取抗滑桩和地表排水措施对滑坡进行了治理。但监测结果和抗滑桩桩后与滑体间的大规模裂缝变形说明，治理后的滑坡变形不仅并未停止，还出现了抗滑桩随滑坡体共同变形的迹象。因此，马家沟滑坡从 2013 年 7 月开始又纳入了三峡库区专业监测范围。

马家沟滑坡位于吒溪河右岸段（Ⅱ区）南侧距离汇入长江河口仅 1 km 的位置（图 3.1、图 3.14），卡子湾滑坡的前缘右侧。所在岸坡为一半圆弧形凸岸地貌（图 4.24）。

图 4.24 马家沟滑坡所在吒溪河左岸三维地形地貌影像

马家沟滑坡由 1 号滑坡和 2 号滑坡构成（图 4.25），其中 1 号滑坡为岩质滑坡，2 号滑坡为土质滑坡（三峡大学，2021）。以下主要分析 1 号滑坡。

图 4.25 马家沟滑坡全貌及专业监测布置图（三峡大学，2021）

　　马家沟 1 号滑坡的平面形态呈长条形，整体上呈南东—北西向展布，主滑方向为 290°，纵长 500 m，横宽约 160 m，滑坡总体厚度前缘约为 45 m，后缘约为 30 m，平均厚度约为 40 m，体积约为 $3.1×10^6$ m³。

　　马家沟 1 号滑坡所在斜坡总体坡度为 25°，坡体总体为顺坡向。坡面形态为陡缓相间的折线形，大体上上陡 26°～35°，中缓 10°～15°，下陡 30°～45° 的形态（图 4.26）。前缘受河流侵蚀，形成河流相冲积阶地。坡体受多次变形及人工改造影响，发育多级缓坡平台，陡坎众多。由于受地形控制，沟谷呈 V 字形，在高程上呈东高西低地势，切深由上至下逐渐变深，最深达 60 m 以上，沟底由松散碎（块）石土组成，为深切沟槽。沟体右侧可见基岩出露，滑体以上有许多顺坡向的小冲沟发育，大多汇集于滑体边界两侧的冲沟中。因此，滑坡纵剖面上呈"上陡中缓下陡前临空"的台阶状折线形地形特征（图 4.25、图 4.26）。

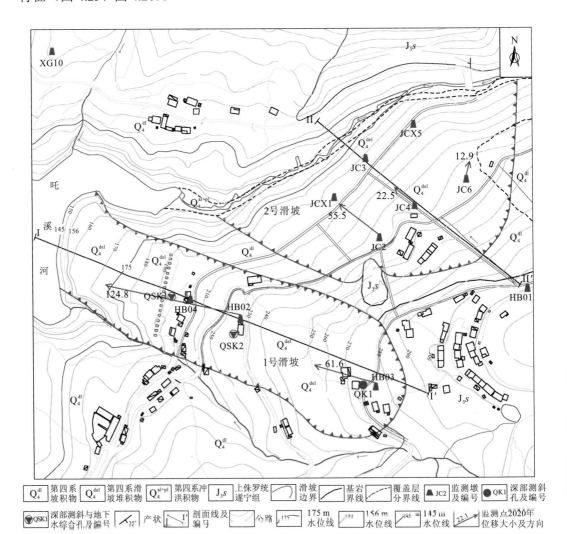

（a）工程地质及监测布置平面图（三峡大学，2021）

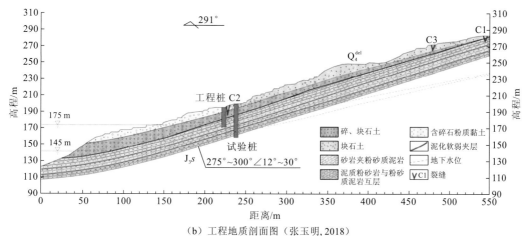

（b）工程地质剖面图（张玉明，2018）

图 4.26 马家沟 1 号滑坡工程地质图

马家沟 1 号滑坡后缘位于乌龟包下陡缓坡交汇处，高程为 295 m，为一垂直坡向的典型拉张裂缝：在 2003 年水库蓄水至 135 m 水位后的三个月内，滑体后缘就出现了这条长约 150 m，宽 3～5 cm、局部达 10 cm 左右的拉张裂缝，后因人工填土进行种植，裂缝部分被填埋；2015 年 8 月进行现场调查时发现该处又出现了明显的下错变形迹象，裂缝走向大致位于 190°～200°，裂缝宽度 4～15 cm 不等，且裂缝前滑体有明显下错现象（图 4.27）；不难推测，该土体裂缝是由覆盖层下伏基岩中存在的一组垂直主滑方向的拉张节理结构面延伸地表引起的。滑坡左（西南）侧以冲沟为界，越到前缘位置切割越深；右（北东）侧由于受到季节性大冲沟的深切冲刷影响，以坡向由北西向变为北—北西向的山脊为界；前缘受吒溪河侵蚀冲刷，形成高度为 30～45 m 的陡坎临空面，根据相关研究资料，滑坡存在 3 层顺层滑带（周昌，2020；张玉明，2018），相应的剪出口分别大致位于前缘河岸高程的 135 m（基覆界面）、120 m（浅层岩质）及 115 m（深层岩质主滑带）位置[图 4.26（b）]。因此，马家沟 1 号滑坡的边界特征也可以归纳为 3 个自由边界（前、左、右）+1 个约束边界（后）。

图 4.27 马家沟 1 号滑坡后缘拉张裂缝[位置见图 4.26（b）的 C1]（张玉明，2018）

马家沟 1 号滑坡滑体物质为上下二元结构，上部物质的成分为块石土、碎石土，土层厚 5～20 m，含巨型块石，块石成分为砂岩、泥岩；下部物质为块（碎）裂岩，块石块径一般大于 1 m，母岩成分为长石石英砂岩、泥质粉砂岩。

根据相关资料（周昌，2020；张玉明，2018），滑坡滑带分为三层[图 4.26（b）]，均由岩性差、泥化的顺层软弱夹层形成：①浅层滑带 S1，位于基覆界面处，深度为 11.8～12.0 m，厚度为 10～20 cm，为褐红色的粉质黏土夹碎块石，不均匀，密实，所含块石以泥岩为主，呈次棱角状，含量约为 50%，厚度为 30～50 cm；下部基岩为泥岩层，产状为 240°∠31°，中风化，节理裂隙发育，物质结构松散、稳定性较差；该滑带引起的滑坡中前部的变形量较小，在滑坡中后部变形量增大。②中层滑带 S2，为一泥化夹层，位于深度为 20.6～21.5 m 的泥岩层中，软弱带呈褐红色，土石比为 4∶6，碎石粒径为 1～50 mm，碎石呈次棱角一次圆状，厚度约为 90 cm。③深层滑带 S3，为滑坡的主滑带，发育在粉砂质泥岩层中的软弱层，深度约为 30 m，厚度约为 30 cm，呈红褐色，强风化，遇水软化性强，上部为石英砂岩，下部为泥质粉砂岩。岩体内的两层滑带使滑坡具有明显的剪切位移变形，而桩周由于抗滑桩的抗剪作用转为弯折变形。

滑床为上侏罗统遂宁组（J₃s），岩层产状为 270°～300°∠25°～35°，岩性以中厚—厚层灰白色长石石英砂岩、细砂岩为主，夹薄—中厚层紫红色粉砂质泥岩、泥岩（图 4.28），岩石力学强度一般较低，易风化，遇水易软化、泥化。

图 4.28 马家沟 1 号滑坡滑床基岩特征照片（张玉明，2018）

根据马家沟滑坡区域赤平投影（图 4.29），结合其工程地质剖面[图 4.26（b）]，不难得出：岩层面（C）与坡面（P）倾向一致，倾角与斜坡倾角近似，边坡欠稳定；两组节理（L1、L2）的交点位于斜坡投影弧对侧，交线与斜坡倾向相反，边坡稳定。综合来看，岩质边坡处于欠稳定状态。

马家沟 1 号滑坡虽然并未发生最终的失稳破坏，但存在长期变形过程，尽管采取了工程措施但并未达到治理效果，从其结构上分析其持续变形应有以下几个关键点：①滑坡后部近垂直坡向的一组陡倾角结构面（图 4.29 中的 L1），将岩质滑体部分从其后部母体中切割分离；②滑坡体左、右两侧均为滑体提供了不受滑动约束的自由临空面边界；③斜坡前部左侧、前缘及右侧部分受到吒溪河和大冲沟的侵蚀冲刷，均形成了地形陡峭的河岸临空面，从而为滑坡向吒溪河河床方向顺层滑移变形提供了充足的运动空间。

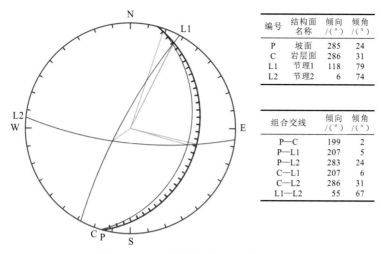

图 4.29 马家沟滑坡区域赤平投影图

编号	结构面名称	倾向/(°)	倾角/(°)
P	坡面	285	24
C	岩层面	286	31
L1	节理1	118	79
L2	节理2	6	74

组合交线	倾向/(°)	倾角/(°)
P—C	199	2
P—L1	207	5
P—L2	283	24
C—L1	207	6
C—L2	286	31
L1—L2	55	67

综上所述，马家沟 1 号滑坡孕灾结构模式见表 4.4。同时，采用纵、横剖面概化马家沟 1 号滑坡的孕灾六面体结构模式，见图 4.30。

表 4.4 马家沟 1 号滑坡孕灾结构模式特征表

模式项		模式内容
岸坡类型		中倾顺向坡
破坏模式		顺层滑移-拉裂式
孕灾（六面体）结构条件	斜坡表面	"上陡中缓下陡前临空"的台阶状折线形地形
	底部滑带	顺层
	前缘剪出口	三层，均位于河流冲刷侵蚀河岸形成的临空面，剪出口高程在 145 m 以下
	后缘边界	斜坡陡坡缓坡交汇处，高程为 295 m；表层土体部分为拉张裂缝，下部基岩部分为拉张节理
	左侧边界	冲沟形成的临空面
	右侧边界	坡向变化的山脊一线，也为临空面
	边界特征	3 个自由边界（前、左、右）+1 个约束边界（后）
物质组成条件	滑体	二元结构：上部为碎块石土，下部为块（碎）裂岩
	滑带	三层顺层软弱带：浅层位于基覆界面，中层为泥化夹层，深层为泥岩软弱层
	滑床	上侏罗统遂宁组（J_3s），以中厚—厚层灰白色长石石英砂岩、细砂岩为主，夹薄—中厚层紫红色粉砂质泥岩、泥岩

4.1.3 泄滩河左岸段（III 区）

目前本区仅有 1 处顺层岩质滑坡，即卡门子湾滑坡。该滑坡于 2019 年 11 月 29 日出现初始变形，12 月 5 日变形加剧，12 月 10 日 16 时 50 分左右，滑坡中下部出现整体滑

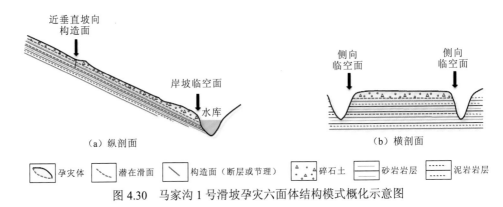

近垂直坡向
构造面

岸坡临空面

水库

（a）纵剖面

侧向
临空面

侧向
临空面

（b）横剖面

孕灾体　　潜在滑面　　构造面（断层或节理）　　碎石土　　砂岩岩层　　泥岩岩层

图 4.30　马家沟 1 号滑坡孕灾六面体结构模式概化示意图

移,部分滑体滑入泄滩河,造成 005 乡道 135 m、集镇供水管道及 380 V 高压线中断,6 hm² 柑橘园损毁,13 个村 1.23 万人出行受阻,直接经济损失约为 580 万元（齐干 等,2020）。

卡门子湾滑坡位于泄滩河左岸段（Ⅲ区）北侧（图 3.1、图 3.23）一北西倾向的近三角形斜坡上（图 4.31）。滑坡前缘高程约为 160 m,后缘高程约为 290 m,坡度为 35°～45°,滑坡纵长为 192 m,横宽为 135 m,厚度为 10～25 m,总体积约为 5×10^5 m³。12 月 10 日,中前部已整体滑移约 3.8×10^5 m³,坡体中下部公路水平推移约 30 m,垂直下移 15 m;后部牵引区残留约 1.2×10^5 m³[图 4.32（a）]。

图 4.31　卡门子湾滑坡所在泄滩河左岸北侧斜坡的三维地形地貌影像

卡门子湾滑坡所处斜坡高程为 150～305 m,斜坡自然坡度为 25°～45°,坡向为 315°,坡体中前部有泄牛村级公路穿过,中后部有新开挖通的万翁村级毛坯公路。斜坡原始地形上缓下陡[图 4.32（a）、图 4.33]：大致以高程 230 m 为界,以上部分地形较缓,平均坡度为 28° 左右;以下部分地形变陡,平均坡度为 36°;前缘 175 m 水位以下消落带坡

（a）2019年12月滑坡发生变形破坏后的照片（何钰铭 等, 2020）

（b）2021年1月坡体清方后的照片

图 4.32　卡门子湾滑坡全貌照片

度进一步变大，平均为 41°。因此，纵剖面上也呈"上缓下陡前临空"的台阶状折线形地形特征[图 4.33（b）]。同时，由于该区砂泥岩互层斜切整个斜坡，从横剖面上又具有典型的"面壁结合"的槽形斜坡微地貌形态[图 4.32（a）、图 4.33（a）]。

滑坡滑动区后缘延伸至一组与坡向一致但坡度更大的陡倾节理面[图 4.34（a）]，其由地质历史时期经历的两期强烈构造作用形成，在前部滑体滑动后出露，成为后缘光滑平直陡壁，壁上清楚可见斜切的岩层露头线及两组构造擦痕（图 3.25）；前缘受泄滩河长期侵蚀冲刷，加之砂、泥岩劣化差异，形成了阶梯状逐层后退的临空陡崖，并在泥岩层顶面形成滑坡的剪出口[图 4.34（b）]；左（西）侧边界由斜切坡面的泥岩岩层面构成，同时该层面也是滑坡滑动时的左侧滑面，该滑面边界平直光滑[图 4.34（c）]，几乎呈直线从后部延伸至剪出口位置[图 4.32（b）]；右（东）侧边界则是由另外两组陡倾节理面相互切割形成的折线形阻滑约束边界[图 4.34（d）]。因此，总体来说，卡门子湾滑坡可以认为是 3 个自由边界（前、左、后）+1 个约束边界（右）。

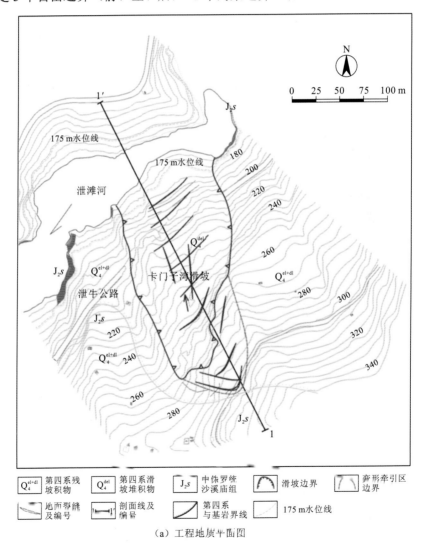

（a）工程地质平面图

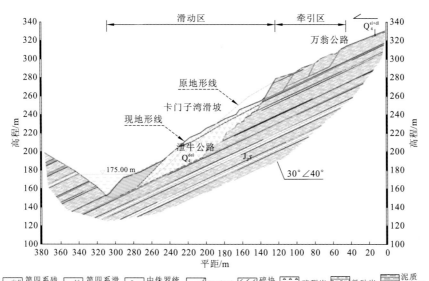

（b）工程地质剖面图

图 4.33　卡门子湾滑坡工程地质图（何钰铭 等，2020）

滑体主要由碎（块）裂岩组成，厚度为 10～25 m，岩性为砂岩、泥岩等，局部上覆第四系碎石土（图 4.35）。卡门子湾滑坡的滑面与典型的顺层岩质滑坡有明显不同，其为由倾向斜坡右侧的岩层面与倾向斜坡左侧的节理面相互切割后形成的在横剖面上呈锯齿状 [图 4.34（d）]，在纵剖面上呈台阶状 [图 4.33（b）] 的滑面。换句话说，滑坡并没有沿单一结构面形成的统一滑面滑动，而是受多组结构面相互切割形成楔形体组合后，再沿外倾结构面组合线发生多组楔形体滑动。滑床为中侏罗统沙溪庙组下段（J_2s^1）的中厚—厚层砂岩与紫红色泥岩互层（图 3.24）。

（a）陡倾节理面成为滑坡后缘壁

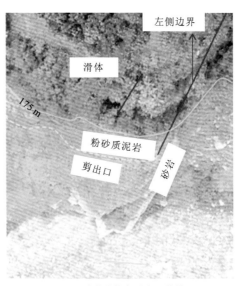

（b）滑动前的前缘临空陡崖及其剪出口
（Yin et al.，2020）

（c）紫红色泥岩岩层面成为滑坡的左边界
与左侧滑面（何钰铭 等，2020）

（d）由另外两组陡倾节理面相互切割形成的折线
形右边界

图 4.34　卡门子湾滑坡边界特征照片

（a）碎（块）裂砂岩

（b）碎（块）裂泥岩

图 4.35　卡门子湾滑坡典型碎（块）裂岩滑体照片

　　根据卡门子湾滑坡赤平投影（图 4.36），结合其工程地质剖面[图 4.33（b）]，不难得出：岩层面（C）与坡面（P）呈斜顺向关系，构成多组楔形滑体的左侧边界或倾向右侧的滑面；同时，发育 4 组节理（图 4.37），其中 3 组（L1、L2、L3）均与坡面较大角度相交，相互切割后构成楔形滑体的右侧边界或倾向左侧的滑面。从相互切割关系来看，卡门子湾滑坡主要受岩层面（C）与节理 L1 的交线、C 与 L2 的交线、C 与 L3 的交线、L1 与 L2 的交线、L2 与 L3 的交线等控制，较为复杂。总之，5 组结构面将岩体切割后，形成极为破碎甚至相互离散的大小不一的楔形块体，在一定外部因素（如前缘岩体劣化导致抗滑力降低）作用下发生了最终破坏。

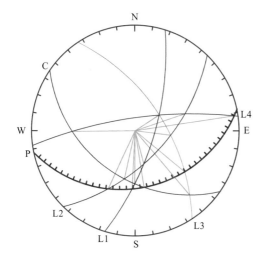

编号	结构面 名称	倾向 /(°)	倾角 /(°)
P	坡面	348	33
C	岩层面	35	42
L1	节理1	287	69
L2	节理2	314	58
L3	节理3	237	59
L4	节理4	172	76

组合交线	倾向 /(°)	倾角 /(°)
P—C	351	33
P—L1	3	32
P—L2	25	27
P—L3	309	27
P—L4	261	2
C—L1	0	37
C—L2	13	40
C—L3	319	13
C—L4	89	28
L1—L2	345	54
L1—L3	237	59
L1—L4	237	59
L2—L3	277	52
L2—L4	251	36
L3—L4	237	59

图 4.36　卡门子湾滑坡赤平投影图

（a）岩层被多组结构面切割后岩体极为破碎　　　　（b）5组结构面相互切割局部示意

图 4.37　卡门子湾滑坡中部左外侧砂岩边坡结构照片

　　卡门子湾滑坡的发生，从其结构上分析应有以下几个关键点：①地质历史时期两期强烈构造作用形成的一组陡倾节理面，使坡体从后部岩体中早已分离；②倾向坡体右侧的岩层面与 3 组倾向坡体左侧的节理面相互切割后，形成顺层左边界、折线形右边界及组合滑面，不但将岩质滑体从母岩中切割分离，而且使岩质滑体结构本身极为破碎，形成相互离散、大小不一的楔形块体；③斜坡前缘河岸本就为临空面，加上前部岩体长期受库水作用发生劣化，抗滑力降低，从而为滑坡的最终下滑破坏提供了运动空间。

　　综上所述，卡门子湾滑坡孕灾结构模式见表 4.5。同时，采用纵、横剖面概化卡门子湾滑坡的孕灾六面体结构模式，见图 4.38。

表 4.5　卡门子湾滑坡孕灾结构模式特征表

模式项		模式内容
岸坡类型		陡倾斜顺向坡
破坏模式		楔形体组合滑动
孕灾（六面体）结构条件	斜坡表面	"上缓下陡前临空"的台阶状折线形地形（纵剖面），"面壁结合"的槽形斜坡（横剖面）
	底部滑带	横剖面上呈锯齿状，纵剖面上呈顺层台阶状
	前缘剪出口	河流冲刷侵蚀河岸形成的临空面，剪出口高程为 150 m 左右
	后缘边界	先期构造挤压形成的陡倾节理面
	左侧边界	倾向坡体右侧的泥岩岩层面边界
	右侧边界	两组陡倾节理面相互切割形成的折线形边界
	边界特征	3 个自由边界（前、左、后）+1 个约束边界（右）
物质组成条件	滑体	碎（块）裂岩
	滑带	由倾向斜坡右侧的岩层面与倾向斜坡左侧的节理面相互切割后形成的在横剖面上呈锯齿状，在纵剖面上呈台阶状的泥岩滑带
	滑床	中侏罗统沙溪庙组下段（J_2s^1）的中厚—厚层砂岩与紫红色泥岩互层

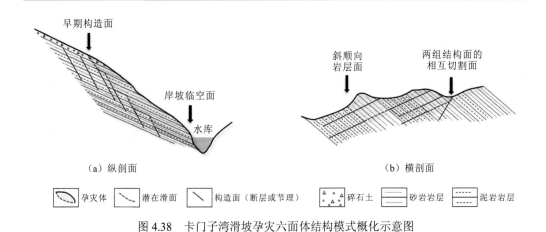

图 4.38　卡门子湾滑坡孕灾六面体结构模式概化示意图

4.2　孕灾模式特征总结

综合上述分析，将三个工作区内 5 处典型灾害体的孕灾模式特征汇总，见表 4.6。对这些特征进行归纳总结，可以得出工作区内顺层岩质滑坡的共同特征至少包括以下几点。

表 4.6　工作区典型顺层岩质滑坡孕灾结构模式特征汇总表

项目		沙镇溪镇周边岸坡段（I区）		吒溪河左岸段（II区）		泄滩河左岸段（III区）
代表性滑坡		千将坪滑坡	杉树槽滑坡	泥儿湾滑坡	马家沟 1 号滑坡	卡门子湾滑坡
岸坡类型		缓倾顺向坡	缓倾顺向坡	陡倾斜顺向坡	中倾顺向坡	陡倾斜顺向坡
破坏模式		顺层滑移-弯曲式	顺层平推式	视倾向顺层滑移-弯曲式	顺层滑移-拉裂式	楔形体组合滑动
孕灾（六面体）结构条件	斜坡表面	"上陡下缓前缘临空"的靠椅状地形	"上下平直前缘临空"的单面山地形	"上缓下陡前缘临空"的台阶状折线形地形	"上陡中缓下陡前缘临空"的台阶状折线形地形	"上缓下陡前缘临空"的台阶状地形（纵剖面）、"面壁结合"的槽形斜坡（横剖面）
	底部滑带	中后部顺层滑带，前部切层滑带	主要部分为顺层层间剪切错动带，前部是否存在切层滑带不明确	中后部顺层滑带，前部切层滑带	顺层	横剖面上呈锯齿状、纵剖面上呈顺层台阶状
	前缘剪出口	河流冲刷侵蚀河岸形成的陡崖临空面，剪出口高程为 90~100 m	河流冲刷侵蚀河岸形成的陡崖临空面，剪出口高程为 145.6 m	河流冲刷侵蚀河岸形成的临空面，剪出口高程为 150 m	三层，均位于河流冲刷侵蚀河岸形成的临空面，剪出口高程在 145 m 以下	河流冲刷侵蚀河岸形成的临空面，剪出口高程为 150 m 左右
	后缘边界	斜坡陡坡顶，高程 410 m	近垂直走向的一组陡倾结构面，高程为 285 m	出露基岩	斜坡陡缓坡交汇处，高程为 295 m；表层土体部分为拉张裂缝，下部基岩部分为拉张节理	先期构造挤压形成的倾倒节理面
	左侧边界	顺坡向延伸的一组长直陡倾角结构面	临空面+冲沟地形	后部为坡积物，中前部为岩土界面	冲沟形成的临空面	倾向坡体右侧的泥岩岩层面边界
	右侧边界	陡崖临空面	顺坡向延伸的另一组直陡倾角结构面	两组陡倾节理面相互切割形成折线形边界	坡向变化的山脊线，也为临空面	两组陡倾节理面相互切割形成的折线形边界
	边界特征	3 个自由边界（前、后、左）+1 个约束边界（右）	2 个自由边界（前、左）+2 个约束边界（后、右）	3 个自由边界（前、后、左）+1 个约束边界（右）	3 个自由边界（前、左、后）+1 个约束边界（右）	3 个自由边界（前、左、后）+1 个约束边界（右）

续表

项目		沙镇溪镇周边岸坡段（Ⅰ区）		吒溪河左岸段（Ⅱ区）		泄滩河左岸段（Ⅲ区）
		夹裂岩体	块裂岩体	块裂岩体		碎（块）裂岩
物质组成条件	滑体	夹裂岩体	块裂岩体	块裂岩体	二元结构：上部为碎块石土，下部为块（碎）裂岩	碎（块）裂岩
	滑带	中后部含碳质页岩的平直顺层层间错动带，前部缓倾角结构面非连续结构面	主体为平直顺层层间剪切错动带，前部是否存在缓倾角结构面形成的切层滑带角不明确	中后部平直顺层岩带，前部岩层面溃曲形成的缓倾角结构面	三层顺层软弱带：浅层位于基覆界面，中层为泥化夹层，深层为泥岩软弱层	由倾向斜坡右侧的岩层面与倾向斜坡左侧的节理面相互切割后形成的在横剖面上呈锯齿状、在纵剖面上呈台阶状的泥岩滑带
	滑床	中侏罗统千佛崖组（J_2q）碎屑岩、中厚层泥质粉砂岩、紫红色粉砂质泥岩、厚层石英砂岩、含碳质页岩条带	中侏罗统千佛崖组（J_2q）碎屑岩、厚层石英砂岩与薄层粉砂质泥岩互层、含碳质页岩条带	上侏罗统蓬莱镇组（J_3p）紫红色泥岩、砂岩不等厚互层	上侏罗统遂宁组（J_3s）地层，以中厚—厚层灰白色长石石英砂岩、细砂岩为主，夹薄—中厚层紫红色粉砂质泥岩、泥岩	中侏罗统沙溪庙组下段（J_2s^1）的中厚—厚层砂岩与紫红色泥岩互层
概化示意图	纵剖面	顺坡向构造面；斜坡坡顶；岸坡临空面；水库	近垂直坡向构造面；岸坡临空面；水库	岩层面出露；岸坡临空面；水库	近垂直坡向构造面；岸坡临空面；水库	早期构造面；岸坡临空面；水库
	横剖面	顺坡向构造面；侧向临空面	两组结构面的相互切割面；侧向临空面；潜在滑面	两组结构面（断层或节理）的相互切割面；侧向临空面	侧向临空面；侧向临空面	斜顺向岩层面；两组结构面的相互切割面
图例		旱灾体	潜在滑面 构造面（断层或节理）	侧向临空面	砂岩岩层 斜顺向岩层	泥岩岩层 碎石土

（1）中—上侏罗统中厚—厚层状的砂岩夹薄—中厚层状的泥岩或互层是典型的发育地层组合，尤其是紫红色的泥岩层是显著指示标志。

（2）前缘河流岸坡存在 40°以上的陡倾临空面，且至少存在 1 个无约束的侧边界临空面（泛指滑坡体边界外侧的陡崖、冲沟、山脊中下部等横向坡度由陡变缓的微地形地貌）是必要的地形发育特征。

（3）除岩层面与坡面呈顺向或斜顺向组合关系外，至少存在 1 组其他结构面或组合交线将坡体从后部或侧向母体中切割开来，形成独立滑体，这是必要的结构发育特征。

上述特征中，除了结构面由于地表植被覆盖等因素难以通过遥感手段进行完全准确辨识外，前两个共性表征及岩层与坡体的结构关系（顺向—斜顺向坡），可以为下一步借助精细化的综合遥感数据（如无人机正射影像、数字地形与实景三维模型等）开展工作区内顺层岩质滑坡潜在易发靶区的识别和圈定提供综合遥感判识标志。

4.3　综合遥感判识标志建立及数据源

4.3.1　综合遥感判识标志建立

基于 4.2 节提出的孕灾模式共性表征，考虑到高分光学卫星遥感、无人机摄影测量等可以获得的高分辨率数字正射影像图（digital orthophoto map，DOM）、数字表面模型（digital surface model，DSM）、数字地形模型（digital terrain model，DTM）与实景三维模型等遥感成果，以及通过资料收集与现场调查获得的地层分布及岩层产状数据等，提出并建立起工作区内顺层岩质滑坡隐患的综合遥感判识标志，包括 3 个一级特征标志与 5 个二级特征标志，具体见图 4.39、表 4.7。

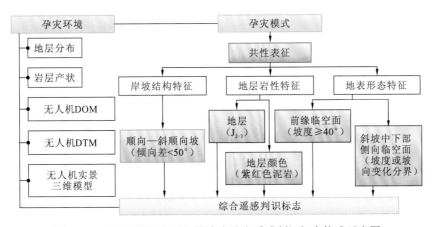

图 4.39　工作区顺层岩质滑坡隐患综合遥感判识标志构成示意图

表 4.7 工作区顺层岩质滑坡隐患的综合遥感判识标志

一级特征标志	二级特征标志	判识内容	判识数据源	示例
1 岸坡结构	①顺向—斜顺向坡	岸坡坡向与下伏基岩层面的倾向差<50°	岩层产状调查数据、DOM、坡向图	
2 地层岩性	②地层	中—上侏罗统地层（J_2q、J_2s^1、J_2s^2、J_3p）	地质图、DOM	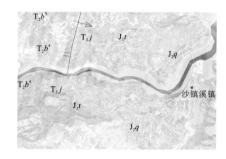
	③地层颜色	紫红色泥岩地层	DOM、实景三维模型	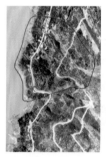
3 地表形态	④前缘临空面	消落带坡度变陡且坡度≥40°	坡度图、DOM、实景三维模型	

续表

一级特征标志	二级特征标志	判识内容	判识数据源	示例
3 地表形态	⑤斜坡中下部侧向临空面	坡度或坡向变化分界	坡度图、坡向图、DOM、实景三维模型	 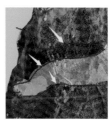 

4.3.2　遥感判识数据源

由于三处工作区的范围相对有限，为了更好地满足精细地形分析与目视解译的要求，直接以三处工作区在 6 月低水位期间通过无人机低空数字摄影测量采集和生成的多类型遥感成果数据为主，同时辅以 12.5 m ALOS DEM、区域地质图及现场调查的岩层产状等数据，将它们作为遥感解译判识数据源。这些数据源的基本特征见表 4.8。

表 4.8　工作区顺层岩质滑坡隐患易发靶区识别的综合遥感判识数据源特征表

数据名称	数据来源	采集时间	空间分辨率/比例尺	精度	主要用途
DOM	无人机摄影测量	2020 年 6 月 15～17 日（库水位为 146 m）	13 cm/优于 1∶2 000	平面误差≤5 cm；高程误差≤20 cm	目视解译判识
DTM					生成坡度图、坡向图，辅助目视解译
坡度图	DTM 生成				岸坡结构与地表形态判识
坡向图					
实景三维模型	无人机摄影测量				目视解译判识

数据名称	数据来源	采集时间	空间分辨率/比例尺	精度	主要用途
DEM	12.5 m ALOS DEM	2008 年	12.5 m	不知	大范围地形参考
区域地质图	1∶20 万区域地质填图成果	1983 年	1∶200 000	配准后平面误差较大，一般在几米至几十米范围	地层岩性判识参考
岩层产状分布图	根据实测数据矢量化	2020 年	—	较好	辅助岸坡结构判识

4.4 本章小结

孕灾模式是具有特殊孕灾结构的地质体，在内、外因共同作用下由稳定到发生变形，直至失稳破坏的灾变动态演化过程。就顺层岩质水库滑坡隐患早期识别来说，揭示其典型孕灾结构模式，进而总结其共性表征和规律，再结合多源遥感数据特征建立综合遥感判识标志，是实现有效识别的重要基础和依据。

通过对三处工作区内代表性顺层岩质滑坡的物质组成及滑动前的边界条件进行重点分析，系统总结并归纳出区内 5 种典型孕灾结构模式；进一步地，提出了地层岩性、微地貌形态及坡体结构等顺层岩质滑坡灾害在多源遥感数据上可以解译的共性表征；进而，建立起包括岸坡结构特征、地层岩性特征、地表形态特征等由 3 个一级特征指标、5 个二级特征指标组成的综合遥感判识标志。

同时，直接采用无人机摄影测量技术获得工作区厘米级的高分辨率、多类型、精细化遥感成果，为下一步易发靶区圈定和最终的隐患识别提供重要数据源。

第 5 章

顺层岩质水库滑坡隐患
易发靶区圈定

5.1　流程与方法

基于对孕灾环境的认识，利用依据典型孕灾模式共性表征所建立的综合遥感判识标志，主要借助高分辨率、多类型、精细化无人机遥感成果数据，在三处工作区内进一步圈定出顺层岩质水库滑坡隐患易发概率大的靶区，以作为后续隐患识别的重点区。

为尽量将以定量分析为主的客观分析方法与以定性认识为主的专业经验判识结合起来，以充分发挥各自所长，易发靶区圈定采用将基于地质灾害易发分区的定量评价方法和基于精细地形与实景三维模型的目视解译（以定性为主）方法相结合的思路及流程（图 5.1），具体如下。

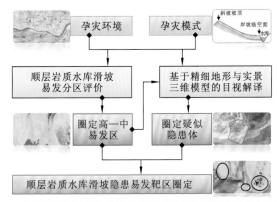

图 5.1　顺层岩质水库滑坡隐患易发靶区圈定流程及方法示意图

首先，根据对区内顺层岩质水库滑坡孕灾模式的认识及建立的综合遥感判识标志，将敏感性强的孕灾环境因子作为指标开展定量化易发分区评价，以圈定高—中易发区。

然后，基于无人机摄影测量生成的三维地形与实景三维模型等精细化数据，以高—中易发区为重点区域，同样依据孕灾模式与判识标志，采用以目视解译为主的经验判识方法圈定出疑似隐患体。

最后，综合高—中易发区与疑似隐患体的分析评判结果，实现点—面结合的区内顺层岩质水库滑坡隐患易发靶区（疑似隐患体+高易发区）的圈定，并作为后续重点识别区。

以下对基于地质灾害易发分区评价的靶区圈定、基于精细地形与实景三维模型的靶区圈定及易发靶区综合圈定进行详细介绍。

5.2　基于地质灾害易发分区评价的靶区圈定

针对三处工作区内顺层岩质水库滑坡灾害的易发分区评价，是在充分了解区内该类灾害孕灾环境的基础上，通过深入分析和掌握孕灾模式及其共性表征建立起关键孕灾指标因子，再借助 GIS 空间分析与定量评价模型方法，对工作区内顺层岩质水库滑坡隐患出现的空间位置及其概率进行定量分级评价的过程。

5.2.1　评价方法

1. 传统的频率比法

地质灾害易发性评价方法通常可以分为经验模型、统计模型和确定性模型等基本类型（齐信 等，2017；李郎平 等，2017；Li et al.，2017；Clerici et al.，2006）。其中，统计模型克服了经验模型中权重赋值的强烈主观性，并且避免了确定性模型中对地质灾害发生机制和详细地质环境数据的需求，因此适合并被广泛应用于区域尺度的地质灾害易发性定量评价工作（李郎平 等，2017）。地质灾害易发性评价的统计模型在广义上主要包括证据权法（韩用顺 等，2021；张艳玲 等，2012；许冲 等，2011）、频率比法（郭子正 等，2019；Guo et al.，2015；Choi et al.，2012）、逻辑回归法（杜国梁 等，2021；张俊 等，2016；Choi et al.，2012）、层次分析法（吴远斌 等，2022；Strokova，2022；许冲 等，2009；Komac，2006）、机器学习（黄发明 等，2022；王毅 等，2021；Ali et al.，2021；Long et al.，2020）等。其中，频率比法因简单直观且意义明确成为应用较为广泛的方法（李郎平 等，2017；Li et al.，2017；Lan et al.，2004；兰恒星 等，2002）。

为介绍传统频率比法的定义（李郎平 等，2017；Guo et al.，2015；Choi et al.，2012），假设特定类型的地质灾害为 D，而特定的影响因子为 F。

首先，频率比法按照一定的规则将 F 划分成 n 种类型或 n 个等级，分别是 $F_i(i=1, 2, \cdots, n)$，那么 F_i 的频率比 FR_i 定义为

$$\mathrm{FR}_i = \frac{P(DF_i)}{P(F_i)} = \frac{A_{DF_i} / A_D}{A_{F_i} / A} = \frac{A_{DF_i} / A_{F_i}}{A_D / A} = \frac{P(D \mid F_i)}{P(D)} \tag{5.1}$$

式中：$P(DF_i)$ 为 D 中 F_i 的频率；$P(F_i)$ 为工作区中 F_i 的频率；A_{DF_i} 为 D 中 F_i 的面积；A_D 为 D 的总面积；A_{F_i} 为 F_i 的总面积；A 为工作区的总面积。对于特定灾种 D，$P(D)$ 由地质灾害调查数据统计得出，为定值。因此，FR_i 实际上与 "F_i 发生时，D 发生的条件概率 $P(D|F_i)$" 等效。因子 F 的第 i 类型或第 i 分级 F_i 的条件概率 $P(D|F_i)$ 越大，说明在第 i 类型或第 i 分级的区域灾害 D 发生的概率越大。如果 $\mathrm{FR}_i>1$，说明 $P(D|F_i)>P(D)$，即 F_i 有利于灾害 D 的发生，反之不利于灾害 D 的发生。

然后，考虑地质灾害不同的影响因子 $F^{(j)}$，对于工作区中的特定空间位置，假设其所属的类型或分级为 $F_{i(j)}$，那么可根据 $F_{i(j)}$，将该空间位置关于该因子的频率比 $\mathrm{FR}^{(j)}$ 赋为 $\mathrm{FR}_{i(j)}$。

最后，将特定空间位置的不同因子的频率比相加，就得到该空间位置特定灾种 D 的易发性 S：

$$S = \sum_j \mathrm{FR}^{(j)} \tag{5.2}$$

2. 改进的频率比法

在实际应用时，传统频率比法的一个主要问题是，需要对各影响因子进行分类或分级，而这种分类或分级一方面将导致频率比值分布的不连续（即同一分类或分级内的所有因子都具有相同的频率比值），另一方面因子分级个数与分级界限的确定存在较大的主观性（李郎平 等，2017；Lan et al.，2004；兰恒星 等，2002）。

为解决上述问题，Zhang 等（2020）、李郎平等（2017）、Li 等（2017）、Lan 等（2004）、兰恒星等（2002）对传统频率比法进行了改进，其核心思想是针对连续型影响因子，增加其分类或分级，从而提高各因子频率比的区分度。改进后方法的实现流程不变，即同样先对各影响因子进行频率比计算，再将各因子的频率比相加得到总体的易发性评价结果。其改进的关键步骤和方法（Zhang et al.，2020；李郎平 等，2017；Li et al.，2017）如下。

（1）归一化。将具有连续值的地质灾害影响因子进行因子值的归一化处理，即将连续值线性映射到 0～1。归一化处理的目的是使得在随后的精度设置和频率统计中可以使用统一的输入参数。

（2）精度设置。设置因子的精度是为了在保证高精度的前提下减小计算量，提高计算速度。例如，在因子归一化后，将精度设置为 3，即将归一化因子值精确到小数点后 3 位，那么最多只会存在 1001 个单个因子值。换句话说，地质灾害影响因子的敏感性最多可由 1001 个单个因子值的频率比值来定量描述和区分。类似地，将精度设置为 4，则最多只会存在 10001 个单个因子值。这些单个因子值可以类比于传统频率比法中各个因子分级的中心值。

（3）频率统计。针对每一个单个因子值，统计落入特定邻域内的地质灾害面积（或个数）及该邻域内分布的因子面积，"两者的比值"除以"地质灾害总面积（或总个数）与工作区总面积的比值"即该单个因子值的频率比值。搜索邻域的大小由输入的邻域宽度参数决定，此邻域宽度即通常所说的直方图分组宽度。因子归一化后，邻域宽度为 0 到 1 之间的数值。此邻域宽度可以类比于传统频率比法中各个因子分级的宽度。

以地形起伏度因子为例，假如工作区高差的值域为 0～100，并且精度设置为 1，即只精确到小数点后 1 位，这样最多有 11 个高差单个因子值存在，分别是 0.0、0.1、0.2、0.3、0.4、0.5、0.6、0.7、0.8、0.9、1.0。现假设有一地形起伏度的原始高差为 43，其归一化后的因子值为 0.43，则对应的单个因子值为 0.4。假设邻域宽度大小设置为 0.1，那么 0.4 这个单个因子值的邻域所对应的真实高差的值域就为 [35，45)。在计算出高差在 [35，45)的工作区的总面积及位于高差在 [35，45)的工作区的地质灾害的总面积（或总个数）后，即可计算出单个因子值 0.4 所对应的频率比值。所有单个因子值都计算出一个频率比值，最多有 11 个频率比值。不难得出，如果将精度设置为 2 或 3 等更大的数值，将有更多的单个因子值及其对应的频率比值，从而提高了不同因子值频率比的区分度。

传统频率比法对有限个因子分级（或分类）计算出有限个频率比值，而改进方法通过增加频率比的计算数量，提高了影响因子不同值之间频率比的区分度。频率比值的个数由原始因子值和精度共同决定。该改进方法可以理解为，采用统一的邻域窗口，针对每一个单个因子值进行"滑动频率统计",各单个因子值的邻域之间可以重叠,在精度较小和邻域窗口较小的情况下也可能有间隙(Zhang et al.,2020;李郎平 等,2017)。

当然,对于分类型的影响因子,如地质岩性和土地覆被类型等,由于无法将分类信息转化为连续的因子值,仍然按照传统方法进行频率比计算。

改进的频率比法对连续型因子进行归一化处理,使不同影响因子的频率比计算仅受到直方图分组宽度这一个参数的统一控制,既增加了各因子地质灾害敏感性的区分度,又减少了人工分级带来的主观性。在直方图分组宽度(邻域统计窗口大小)成为唯一需要用户主观输入的控制参数后,频率比的计算过程变得更为可控,也有助于实现地质灾害易发性的自动、快速评价。

为此,选择改进的频率比法来实现工作区内顺层岩质水库滑坡灾害的易发分区评价。

5.2.2　评价模型

1. 评价单元及范围

考虑到三处工作区的无人机成果数据的空间分辨率达到了 13 cm,为了在实现精细化评价的同时兼顾数据处理能力,因此将评价单元设置为 1 m×1 m 的栅格单元,即每个评价单元的面积为 1 m^2。

另外,考虑到无人机航摄边缘存在由照片重叠率下降导致的成果精度降低的问题,对评价范围进行了优化调整,最终结果见表 5.1。

表 5.1　三处工作区顺层岩质水库滑坡易发性分区评价单元及范围

工作区	评价范围面积/km^2	评价单元大小及面积	评价单元数
沙镇溪镇周边岸坡段(Ⅰ区)	7.85		7 846 600
吒溪河左岸段(Ⅱ区)	6.87	1 m×1 m=1 m^2	6 874 060
泄滩河左岸段(Ⅲ区)	1.75		1 747 670

2. 评价指标因子

影响地质灾害发生、发展的因素主要有地质灾害赋存条件(易发条件)和触发条件两个方面。地质灾害的易发条件即孕育条件,可进一步分为物质条件和地形条件,其中物质条件反映了特定位置提供灾害物质的能力,地形条件则控制和影响地质灾害体的运动,包括运动距离、方向、速度和覆盖范围等。另外,很多因素又可以同时影响地质灾害发育的物质条件和地形条件,如构造活动既可造成岩体破碎,形成地质灾害物源,又可造成地形落差,形成地质灾害的地形条件。

综合对工作区顺层岩质水库滑坡灾害孕灾环境与典型孕灾模式的认识,同时考虑到工作区空间尺度及无人机成果的类型与精度等,建立起由地形地貌、地质岩性、坡体结构、诱发外因 4 大指标 11 个因子构成的评价指标体系,选择依据及对应的数据特征见表 5.2。

表 5.2 工作区顺层岩质水库滑坡易发性分区评价指标体系及数据特征

评价指标	评价因子	选择依据	数据来源	数据类型	数据分辨率/比例尺	其他说明
1 地形地貌	①高程	影响灾害体的物质构成、边界条件及运动过程	无人机摄影测量获得的DTM	连续型	13 cm/优于1:2 000	2020年6月15~17日（库水位为146 m）采集
	②坡度		无人机DTM生成			
	③坡向					
	④平面曲率					
	⑤剖面曲率					
	⑥地形起伏度					
2 地质岩性	⑦地层岩性	控制滑体与滑动面形成	地质图+现场复核修正	离散型	1:20万	代替工程地质岩组
3 坡体结构	⑧斜坡-基岩倾向差	控制滑动块体形成，影响滑动方式	现场实测+资料收集分析	离散型	—	斜坡坡向/倾角与基岩层面倾向/倾角的差
	⑨斜坡-基岩倾角差					
4 诱发外因	⑩河流距离	触发和影响灾害体变形的主要因素	提取无人机DOM后，通过缓冲区分析得到	连续型	13 cm/优于1:2 000	考虑到工作区范围较小，降雨影响视为均匀分布，因此未纳入
	⑪道路距离					

3. 评价样本

评价样本可以分为训练样本和测试样本。其中，训练样本也称训练区，是进行易发分区评价的典型已知样本区，其代表性直接决定评价结果的精度；测试样本是评价过程中不参与模型训练，仅用于测试评价结果精度的已知样本区域。

由于三处工作区中已知的顺层岩质水库滑坡样本较少，将这些代表性滑坡（准确的范围面）全部作为训练样本，具体见表 5.3。

表 5.3 三处工作区顺层岩质水库滑坡易发性分区评价中的训练样本

工作区	训练样本
沙镇溪镇周边岸坡段（Ⅰ区）	千将坪滑坡、杉树槽滑坡、大岭西南（大水田）滑坡
吒溪河左岸段（Ⅱ区）	泥儿湾滑坡、马家沟1号滑坡
泄滩河左岸段（Ⅲ区）	卡门子湾滑坡

4. 评价过程

使用改进的频率比法进行顺层岩质水库滑坡易发性评价，具体实现程序采用了中国科学院地理科学与资源研究所兰恒星课题组的 ALSA 工具（Li et al.，2017），其为一个 ArcGIS 平台上的插件，其用户界面见图 5.2，各参数设置方法及流程如下。

图 5.2　基于改进的频率比法的地质灾害易发性评价 ALSA 插件界面

（1）首先输入已知顺层岩质水库滑坡的数据，并将其作为训练样本（各区选择的具体样本见表 5.3）。样本既可以是范围表示的滑坡面数据，又可以是单点表示的滑坡点数据。考虑到三处工作区范围较小，滑坡点数少，但空间分辨率足够高，因此将面数据作为样本数据格式。

（2）依次输入评价指标因子图层数据，并选择数据类型（连续型或已分类）。图层均要求为栅格格式，即使原始数据为矢量格式，也需先转换成栅格格式。另外，如果为非连续型因子，必须勾选图层前的方框，以标记其为非连续型（分类）数据，如地层岩性数据。

（3）选择或输入进行易发性评价的处理范围，矢量面文件格式为好。

（4）确定易发性评价结果的输出栅格单元大小，此处设置为 $1\,m\times1\,m=1\,m^2$。

（5）确定频率比计算过程中对各因子分级处理的精度，此处输入 4，代表精确到小数点后 4 位（即从 0.0000 到 1.0000 分为 10001 级）。

（6）确定分级处理的带宽（邻域）宽度，此处输入 0.01，表示因子数据值在 0.01 范围内都具有相同的频率比值。

（7）输出结果，可选择默认，或者自定义输出路径及命名方式，结果为 TIFF 或 IMG 格式的栅格文件。

选择和设置好上述数据与参数后，单击 OK 运行程序，会自动生成所有指标因子的频率比结果，以及最终的易发性计算结果，通过符号化设置就可以显示最终的易发性评价分区图。

5.2.3 评价结果

1. 沙镇溪镇周边岸坡段（Ⅰ区）

图 5.3 为沙镇溪镇周边岸坡段（Ⅰ区）顺层岩质水库滑坡隐患易发分区图，可以看出：红色高易发区主要集中于青干河左岸千将坪滑坡至下游区域与锣鼓洞河左岸区域；黄色中易发区除了上述两个区域外，在青干河左岸上游段（周家坡滑坡—张家坝滑坡）也有分布。据此，划分了 9 处高—中易发靶区（编号 A～I）。

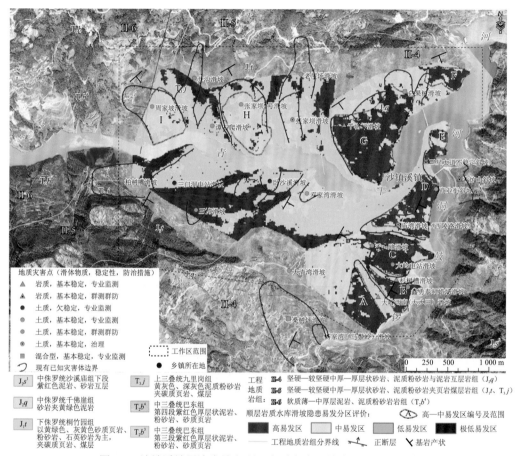

图 5.3　沙镇溪镇周边岸坡段顺层岩质水库滑坡隐患易发分区图

2. 吒溪河左岸段（Ⅱ区）

图 5.4 为吒溪河左岸段（Ⅱ区）顺层岩质水库滑坡隐患易发分区图，可以看出：红色高易发区主要集中于中下游段从沙湾子滑坡至卡子湾滑坡的区域，以南侧卡子湾滑坡至马家沟 2 号滑坡、王家岭滑坡至辛家坪一二组滑坡区域最为显著；黄色中易发区除了上述两个区域外，在北侧段龙口（黑石板）滑坡与王家桥滑坡区域也有分布。据此，划分了 6 处高—中易发靶区（编号 A～F）。

图 5.4　吒溪河左岸段顺层岩质水库滑坡隐患易发分区图

3. 泄滩河左岸段（Ⅲ区）

图 5.5 为泄滩河左岸段（Ⅲ区）顺层岩质水库滑坡隐患易发分区图，可以看出：红

色高易发区主要集中于上游段卡门子湾滑坡所在的倾向北西的斜坡区域，另外，上陈家湾滑坡北侧边界及泄滩河河口西北倾向的斜坡区域有零星分布；黄色中易发区则主要集中于上、下陈家湾滑坡所在的零星区域。据此，也划分了6处高—中易发靶区（编号A～F）。

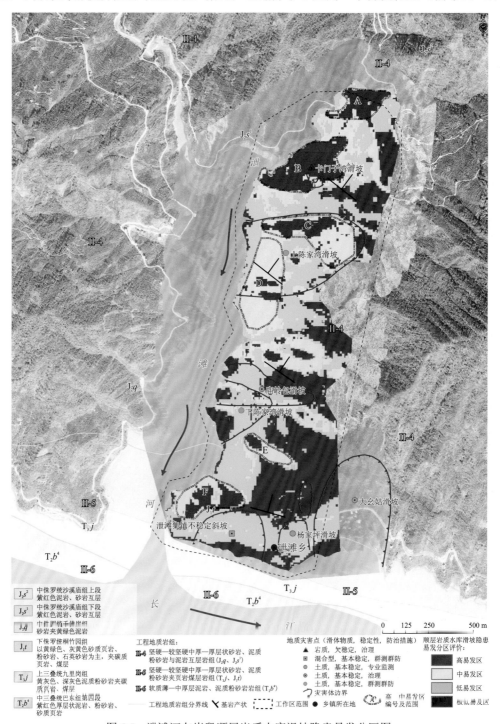

图5.5　泄滩河左岸段顺层岩质水库滑坡隐患易发分区图

5.3 基于精细地形与实景三维模型的靶区圈定

以 5.2 节圈定的高—中易发分区为重点，在充分考虑高分辨率无人机遥感精细化成果类型的基础上，依据综合遥感判识标志（图 4.39、表 4.7），利用定性经验判识，结合数字地形分析与目视解译方法，进一步实现对工作区内潜在顺层岩质水库滑坡隐患体靶区的室内识别与圈定。

1. 沙镇溪镇周边岸坡段（Ⅰ区）

图 5.6 显示了室内解译圈定的 5 处可能靶区（编号 I-1～I-5，包括 2 处可能中易发区与 3 处可能低易发区），其与判识标志的吻合程度见表 5.4。

图 5.6 基于室内解译圈定的沙镇溪镇周边岸坡段顺层岩质水库滑坡隐患可能靶区分布图

表 5.4　沙镇溪镇周边岸坡段 5 处顺层岩质水库滑坡隐患可能靶区判识标志吻合程度表

判识标志	可能靶区				
	I-1	I-2	I-3	I-4	I-5
①顺向—斜顺向坡	√	√	√	√	√
②地层	√	√	√	×	×
③地层颜色	√	√	√	×	√
④前缘临空面	⍻	√	√	⍻	√
⑤斜坡中下部侧向临空面	√	√	√	√	√
非吻合情况说明	前缘临空面不明显，坡度小于 30°，河床窄，且高程为 160 m，不具备大规模向前滑动的空间	前缘河床高程为 148 m，推测潜在滑动面（泥岩层面）不能在前缘临空面剪出	推测潜在滑动面（泥岩层面）不能在前缘临空面剪出	位于 J_1t，非典型"红层"；前缘仅右侧部分有较陡的临空面，左前部不明显	位于 T_2b^4，以厚层紫红色泥岩为主
可能性综合判断	低	中	中	低	低

注：√表示可能靶区实际特征与对应标志吻合；⍻表示部分吻合或基本吻合；×表示不吻合。

（1）I-1 区：位于锣鼓洞河上游左岸、桑树坪滑坡与大岭西南（大水田）滑坡中间位置（图 5.6），即定量化易发分区评价圈定的靶区 A 范围（图 5.3）。该区最显著的特征为其右侧陡崖形成的临空面（图 5.7），而且左侧坡体上中后部有疑似顺坡向的节理切割面，中前部则是冲沟地形，后部则延伸至坡体外侧，形成无约束临空边界，因此其坡体结构与千将坪滑坡类似。唯一有所区别的是，该处坡体前缘临空面不明显，坡度小于 30°，加之前部河床较窄且高程为 160 m，不具备大规模整体向前滑动的空间，但不排除向坡体右前方陡崖临空面方向发生变形的可能。因此，室内初判该区为顺层岩质水库滑坡隐患的低易发靶区。

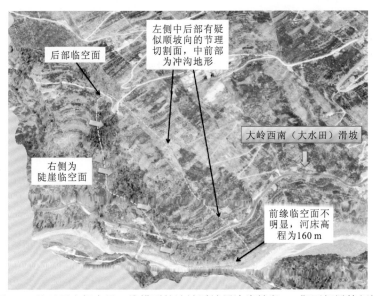

图 5.7　基于无人机实景三维模型的沙镇溪镇周边岸坡段 I-1 靶区解译特征图

（2）I-2 区：位于锣鼓洞河中游左岸、下游杉树槽滑坡与上游大岭西南（大水田）滑坡双双滑动后中间的残留岩质坡体（图 5.6），即定量化易发分区评价圈定的靶区 B 范围（图 5.3）。该区两侧边界分别是杉树槽滑坡的右侧陡崖与大岭西南（大水田）滑坡的左侧陡崖，其前部锣鼓洞河左岸岸坡也可见 30～40 m 高的陡崖临空面（图 5.8）。因此，其岸坡结构与杉树槽滑坡类似，其无约束的边界条件甚至更易孕灾。但该坡体的前缘河床高程约为 148 m，推测其潜在滑动面（泥岩层面）可能不会在前缘临空面上直接剪出，另外，坡体后部暂未发现明显的横向结构面，因此室内初判该区为顺层岩质水库滑坡隐患的中易发靶区。

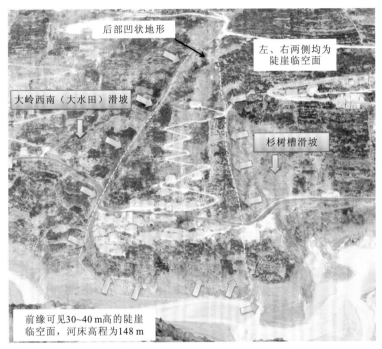

图 5.8　基于无人机实景三维模型的沙镇溪镇周边岸坡段 I-2 靶区解译特征图

（3）I-3 区：位于区内青干河左岸紧挨白果树滑坡的下游位置，实际圈出的该区右侧部分与白果树滑坡东侧的桥头滑坡重叠（图 5.6），即定量化易发分区评价圈定的靶区 F 范围（图 5.3）。从三维模型上看，该区已形成一个独立的三角形块体，其左、右两侧至后缘已全部形成无约束面，坡体表面及右侧边界外均有明显的滑动痕迹；其前部岸坡即岩层面，坡度在 35°以上（图 5.9）。由于岩层面坡度较陡，推测其潜在滑动面不能直接在岸坡临空面上剪出，但专业监测数据（三峡大学，2021）表明，从 2013 年 7 月至 2020 年 12 月，位于该区右侧的桥头滑坡的地表累积位移量在 32.1～146.8 mm，位移方向为 149°～208°。因此，室内初判该区为顺层岩质水库滑坡隐患的中易发靶区。

（4）I-4 区：位于区内青干河左岸的张家坝 2 号滑坡位置，仅左侧边界与之有所区别（图 5.6），即定量化易发分区评价圈定的靶区 H 范围（图 5.3）。该靶区位于 J_1t，没有典型的紫红色泥岩特征，但其坡体结构与千将坪滑坡较为类似，主要表现为右侧至右前部

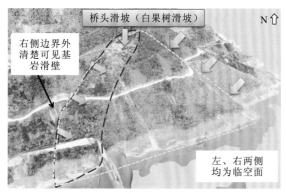 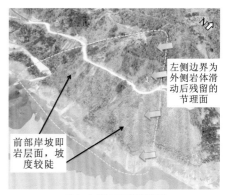

（a）下游方向侧视照片 　　　　　　　　　　　（b）上游方向侧视照片

图 5.9　基于无人机实景三维模型的沙镇溪镇周边岸坡段 I-3 靶区解译特征图

同样为陡崖临空面（图 5.10），左侧为冲沟地形（应该是由顺坡向的节理面切割后长期风化所致）。有所区别的是，其左侧前部地形平缓，至少消落带部分不具备陡崖临空面特征；另外，后部也暂时无法识别出结构面等具备后缘特征的边界。因此，室内初判该区为顺层岩质水库滑坡隐患的低易发靶区。

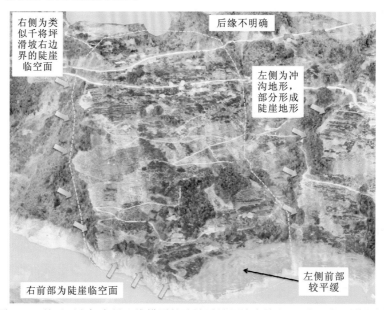

图 5.10　基于无人机实景三维模型的沙镇溪镇周边岸坡段 I-4 靶区解译特征图

（5）I-5 区：位于区内青干河左岸最上游的周家坡滑坡位置（图 5.6），即定量化易发分区评价圈定的靶区 I 范围（图 5.3）。该靶区位于 T_2b^4，以厚层紫红色泥岩为主，其坡体结构与千将坪滑坡也较为类似，同样表现为右侧为陡崖临空面（图 5.11），左侧为深切冲沟地形，前部地形坡度在 20°～40°，而且越到消落带以下，坡度越陡，具有临空面特征，而后部也暂时无法识别出结构面等具备后缘特征的边界。由于三处工作区内三叠系巴东组这一套易滑地层在仅此一角出露，对其是否能够孕育顺层岩质水库滑坡未做深入分析，室内初判暂定该区为顺层岩质水库滑坡隐患的低易发靶区。

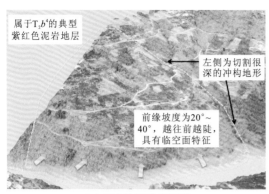

（a）无人机实景三维模型　　　　　　　　（b）三维数字地球模型

图 5.11　基于无人机实景三维模型的沙镇溪镇周边岸坡段 I-5 靶区解译特征图

2. 吒溪河左岸段（II 区）

表 5.5 为室内解译圈定的 3 处可能靶区（编号 II-1～II-3，均为可能低易发区）的判识标志的吻合程度，其位置见图 5.12。

表 5.5　吒溪河左岸段 3 处顺层岩质水库滑坡隐患可能靶区判识标志吻合程度表

判识标志	可能靶区		
	II-1	II-2	II-3
①顺向—斜顺向坡	√	√	√
②地层	√	√	√
③地层颜色	√	√	√
④前缘临空面	×	⊀	√
⑤斜坡中下部侧向临空面	√	√	√
非吻合情况说明	前缘消落带平缓，临空面不明显；推测潜在滑动面倾角大于斜坡坡度，坡体不具备在前缘河岸临空面上直接顺层剪出的滑动条件	前缘消落带除局部坡度大于30°外，大部分相对平缓；推测潜在滑动面倾角大于斜坡坡度，坡体不具备在前缘河岸临空面上直接顺层剪出的滑动条件	推测潜在滑动面倾角大于斜坡坡度，坡体不具备在前缘河岸临空面上直接顺层剪出的滑动条件
可能性综合判断	低	低	低

（1）II-1 区：位于定量化易发分区评价圈定的靶区 B 范围内（图 5.4），即吒溪河左岸下游段，两侧均为大型冲沟，其左侧边界前缘正对下游的马家沟 1 号滑坡前缘，其范围还包含了已知的王家岭滑坡（图 5.12）。该区最显著的特征为其左、右两侧及其后缘边界均为凹槽状地形构成的临空面，推测是该块体在早期顺层面滑动后由后期改造所致，其坡体结构类型与沙镇溪镇周边岸坡段的 I-3 区极为类似，均呈顺层面的三棱柱状块体结构（图 5.13）；同时，该区右侧前部还可以圈出另一结构完全一样但范围更小的次级隐患区。然而，目前该区前缘消落带区域整体非常平缓，故推测其潜在滑动面倾角应大于斜坡坡度，即坡体不具备直接在前缘河岸上顺层滑动剪出的临空面条件。因此，室内初判该区为顺层岩质水库滑坡隐患的低易发靶区。

图 5.12　基于室内解译圈定的吒溪河左岸段顺层岩质水库滑坡隐患可能靶区分布图

（2）II-2 区：位于定量化易发分区评价圈定的靶区 C 范围内（图 5.4），即吒溪河左岸中游段，其范围较大，包括了已知的龙土庙滑坡、赛垭村五组滑坡及汤家坡南崩滑体（图 5.12、图 5.14）。该区最显著的特征同样为左、右两侧及其后缘边界均为凹槽状地形

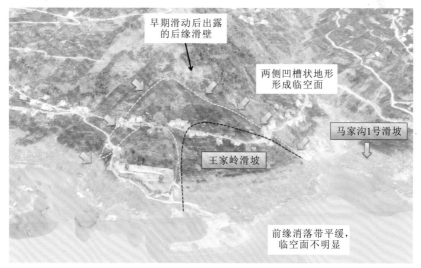

图 5.13 基于无人机实景三维模型的吒溪河左岸段 II-1 靶区解译特征图

构成的临空面,推测该块体为一特大型岩质古滑坡,而目前形成的凹槽临空面边界由古滑坡滑动后经后期改造形成,其坡体结构类型与 I-3 区、II-1 区同样类似,即呈顺层面的三棱柱状块体结构;同时,该区右侧前部也还可以圈出另一结构完全一样但范围更小的次级隐患区,该区域在三峡水库蓄水后也曾发生过多次变形。另外,2014 年 8 月调查发现,区内龙王庙滑坡左侧仍在发生蠕滑变形,使边界位置的排水沟、蓄水池、公路路面等均存在变形迹象(图 5.14)。综合来看,目前整个潜在隐患区域的前缘消落带除局部坡度大于 30°外,大部分相对平缓,故推测其潜在滑动面倾角应大于斜坡坡度,即坡体不具备直接在前缘河岸上顺层滑动剪出的临空面条件。因此,室内初判该区为顺层岩质水库滑坡隐患的低易发靶区。

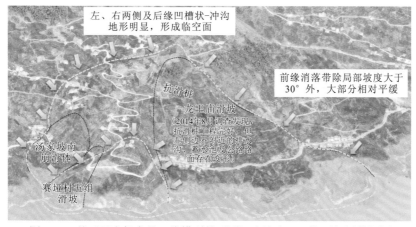

图 5.14 基于无人机实景三维模型的吒溪河左岸段 II-2 靶区解译特征图

(3)II-3 区:位于定量化易发分区评价圈定的靶区 D 范围内(图 5.4),即吒溪河左岸中游段,距离 II-2 区上游 500 m,为已知的云盘居民点滑坡(除去右侧)的大部分范围(图 5.12、图 5.15)。同样,该区左、右两侧及其后缘边界均为凹槽状地形构成的临空面,坡体结构类型也与 I-3 区、II-1 区、II-2 区一致,即呈顺层面的三棱柱状块体结构。

虽然其前部消落带坡度在 10°～40°，局部较陡，但推测其潜在滑动面倾角仍然大于斜坡坡度，即坡体不具备直接在前缘河岸上顺层滑动剪出的临空面条件。因此，室内初判该区也为顺层岩质水库滑坡隐患的低易发靶区。

图 5.15　基于无人机实景三维模型的吒溪河左岸段 II-3 靶区解译特征图

3. 泄滩河左岸段（III 区）

表 5.6 为室内解译圈定的 2 处可能靶区（编号 III-1、III-2，均为可能低易发区）的判识标志的吻合程度，其位置见图 5.16。

表 5.6　泄滩河左岸段 2 处顺层岩质水库滑坡隐患可能靶区判识标志吻合程度表

判识标志	可能靶区	
	III-1	III-2
①顺向—斜顺向坡	√	√
②地层	√	√
③地层颜色	√	√
④前缘临空面	✗	✗
⑤斜坡中下部侧向临空面	√	√
非吻合情况说明	隐患体规模较小；前缘坡度为 40°左右，但河床窄，高程为 145 m 左右，推测潜在滑动面不能在前缘临空面直接剪出	前缘河床高程大于 196 m，不受库水影响；河床面极窄，不具备远程滑动空间
可能性综合判断	低	低

图 5.16　基于室内解译圈定的泄滩河左岸段顺层岩质水库滑坡隐患可能靶区分布图

（1）III-1 区：位于定量化易发分区评价圈定的靶区 B 范围内（图 5.5），即泄滩河左岸上游段，卡门子湾滑坡下游南西侧约 200 m 位置，泄滩河流向在此发生变化（图 5.16）。

该区地形地貌与卡门子湾滑坡类似，呈典型"面壁结合"的槽形地形特征（图 5.17）：其左、右两侧均为泥岩层形成的凹槽地形，中部块体则由砂岩层形成脊状地形，两侧成为临空面（尤其是左侧临空面高差达到 10～30 m），但该块体规模较小。前缘坡度在 40°左右，但河床较窄，高程在 145 m 左右，推测潜在滑动面不能在前缘临空面直接剪出。因此，室内初判该区为顺层岩质水库滑坡隐患的低易发靶区。

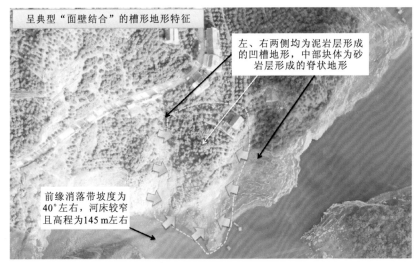

图 5.17 基于无人机实景三维模型的泄滩河左岸段 III-1 靶区解译特征图

（2）III-2 区：位于定量化易发分区评价圈定的靶区 A 范围内（图 5.5），即泄滩河左岸上游段，卡门子湾滑坡上游北东侧约 250 m 位置（图 5.16）。同样，该区由两个相邻的"面壁结合"的槽形地形构成的岩质块体组成（图 5.18）：两个块体的左、右两侧均为

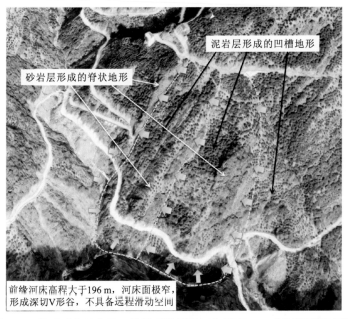

图 5.18 基于无人机实景三维模型的泄滩河左岸段 III-2 靶区解译特征图

泥岩层形成的凹槽地形，中部则由砂岩层形成脊状地形，这样块体两侧均成为临空面（其中，左侧块体的左侧临空面高差达到 50 m，右侧块体的左侧临空面高差也达到 25 m）。前缘坡度为 30°～40°，河床高程大于 196 m，不受库水影响；河床面极窄，形成深切 V 形谷，推测潜在滑动面不能在前缘临空面直接剪出，不具备远程滑动空间。因此，室内初判该区为顺层岩质水库滑坡隐患的低易发靶区。但应注意，两个块体的下部位置有公路切脚，应防范浅层块体滑动。

5.4　易发靶区综合圈定

综合基于地质灾害易发分区评价的靶区圈定结果及基于精细地形与实景三维模型的靶区圈定结果，最终得出三处工作区内共 10 处（其中沙镇溪镇周边岸坡段 5 处、吒溪河左岸段 3 处、泄滩河左岸段 2 处）顺层岩质水库滑坡隐患的易发靶区，其中中易发靶区 2 处（均位于沙镇溪镇周边岸坡段）、低易发靶区 8 处，具体见表 5.7。

表 5.7　工作区内顺层岩质水库滑坡隐患易发靶区圈定结果汇总

工作区	易发靶区		
	编号	位置	易发性
沙镇溪镇周边岸坡段（I 区）	I-1	锣鼓洞河上游左岸、桑树坪滑坡与大岭西南（大水田）滑坡中间位置	低
	I-2	锣鼓洞河中游左岸、下游杉树槽滑坡与上游大岭西南（大水田）滑坡双双滑动后中间的残留岩质坡体	中
	I-3	青干河左岸紧挨白果树滑坡下游位置，其右侧部分与白果树滑坡东侧的桥头滑坡重叠	中
	I-4	青干河左岸张家坝 2 号滑坡位置，左侧边界内收	低
	I-5	青干河左岸最上游的周家坡滑坡位置，右侧边界外扩	低
吒溪河左岸段（II 区）	II-1	吒溪河左岸下游段、王家岭滑坡，其右边界范围外扩	低
	II-2	吒溪河左岸中游段，涵盖龙王庙滑坡、赛垭村五组滑坡及汤家坡南崩滑体，为一特大型岩质古滑坡	低
	II-3	吒溪河左岸中游段的云盘居民点滑坡，右侧边界内收	低
泄滩河左岸段（III 区）	III-1	泄滩河左岸上游段泄滩河流向变化位置	低
	III-2	卡门子湾滑坡上游北东侧位置	低

接下来，将针对各工作区尤其是区内 10 处易发靶区，采用天—空—地综合遥感探测与现场调查判识等技术方法和手段，进一步开展包括顺层岩质水库滑坡在内的地质灾害隐患识别。

5.5 本章小结

进行地质灾害隐患易发靶区的圈定，主要目的是根据对区内地质灾害孕灾环境与孕灾模式的认识，在整个工作区内找出与主要地质灾害隐患类型相类似的易发概率大的重点区域，从而为后续开展更加精细化的识别工作提供靶区，这对于大尺度空间范围的隐患识别非常重要。

为充分发挥定量与定性方法的各自优势，提出采用地质灾害易发分区定量评价与基于精细地形和实景三维模型的定性目视解译相结合的方法，来实现顺层岩质水库滑坡隐患的易发靶区圈定。

地质灾害易发分区评价采用改进的频率比法，针对地形地貌、地质岩性、坡体结构、诱发外因 4 大指标 11 个因子构成的评价指标体系，借助 ALSA 插件来实现。易发分区结果为：沙镇溪镇周边岸坡段（I 区）划分了 7 处高易发靶区、2 处中易发靶区，共计 9 处靶区；吒溪河左岸段（II 区）划分了 4 处高易发靶区、2 处中易发靶区，共计 6 处靶区；泄滩河左岸段（III 区）同样划分了 4 处高易发靶区、2 处中易发靶区，共计 6 处靶区。

借助无人机摄影测量得到的精细地形与实景三维模型数据，重点针对易发分区评价得到的高—中易发靶区，依据综合遥感判识标志，通过目视解译，进一步实现了疑似隐患的室内识别与圈定。结果为：沙镇溪镇周边岸坡段（I 区）圈定了 5 处可能靶区；吒溪河左岸段（II 区）圈定了 3 处可能靶区；泄滩河左岸段（III 区）圈定了 2 处可能靶区。

最终，基于室内分析综合圈定了三处工作区内共 10 处顺层岩质水库滑坡的可能靶区，从而明确了下一步识别的重点区域。

第 6 章

地质灾害隐患综合遥感探测与识别

6.1 思路与方案

在易发靶区圈定基础上，充分利用天—空—地综合遥感观测技术，通过对多期遥感成果的地表变化检测与地表形变探测等，定量化地探测与分析识别潜在地质灾害隐患，是实现隐患早期识别的重要支撑技术手段。在综合考虑工作区范围、工作区内地质灾害隐患发育特征等的基础上，采用如图 6.1 所示的技术方案与实施流程。

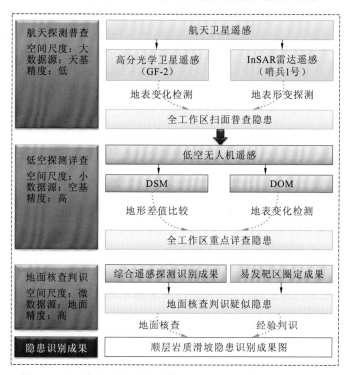

图 6.1 地质灾害隐患综合遥感探测与识别技术方案及流程图

首先，采用国产高分二号（GF-2）卫星影像（空间分辨率为 1 m）与欧洲航天局哨兵 1 号卫星数据（空间分辨率为 10 m），分别通过地表变化检测与 InSAR 形变探测分析，开展三处工作区可能隐患的天基遥感扫面探测识别。

然后，针对三处工作区采用无人机摄影测量采集并生成 3～4 期高分、多类型遥感成果，再通过地形差值（difference of DEM/DSM，DoD）比较与地表变化检测等，实现对工作区隐患的空基遥感重点详查识别。

最后，针对天—空综合遥感探测识别成果与第 5 章易发靶区综合圈定成果，开展地面核查与经验判识，实现最终的隐患确认识别。

本章主要论述基于高分光学卫星遥感、InSAR 及无人机摄影测量等遥感手段的隐患探测与识别，最终的地面核查与隐患识别确认将在第 7 章阐述。

6.2　基于高分光学卫星遥感影像的隐患探测与识别

　　光学卫星遥感技术因具有时效性好、宏观性强、信息丰富等特点，已成为地质灾害调查分析和灾情评估的重要技术手段（许强 等，2019；陆会燕 等，2019；梁京涛，2018）。目前，光学卫星遥感正朝着高空间分辨率（商业卫星分辨率最高为 WorldView-3/4 的 0.3 m）、高光谱分辨率（波段数可达数百个）、高时间分辨率（Planet 高分辨率小卫星的重返周期可小于 1 天）的方向发展（胡顺石 等，2021；许强 等，2019；陈玲 等，2019）。光学卫星遥感技术在地质灾害研究中的应用也逐渐从单一的遥感资料向多时相、多光谱、多数据源的复合分析发展，从静态地质灾害辨识、形态分析向地质灾害变形动态观测过渡（许强 等，2019）。目前，光学卫星遥感影像的数据源越来越丰富，空间分辨率和时间分辨率越来越高，结合越来越精细的区域数字地形数据（如 DSM、DEM 等），为开展基于高分光学卫星遥感的区域地质环境精细化调查解译，甚至通过地表变化检测进行地质灾害隐患识别提供了重要基础数据支撑。

6.2.1　基本原理与主要步骤

　　遥感变化检测是高分光学卫星遥感影像的主要应用方式，其利用多时相的遥感数据，采用多种图像处理和模式识别方法提取变化信息，并定量分析和确定地表变化的特征与过程（张晓东，2005；李德仁，2003）。

　　应用到地质灾害隐患识别领域，其基本思想与适用场景是：地质灾害体具有明显变形迹象后，如变形裂缝拉张开裂、灾害体滑动脱离母体、前缘等局部位置坍滑垮塌、坡体上房屋公路等构筑物发生形态改变等，均会引起地表覆盖对象的变化，典型地如由变形前的统一植被覆盖变为滑动后的岩土体裸露、由变形前的规则人工构筑物（如平直的公路路面）变为滑动后的不规则形态（如公路的突然错断）等，这些由灾害体变形引起的地表色调、形状、阴影、大小、纹理、位置、布局和图案等的相应变化均可以通过遥感变化检测得到。也就是说，只要灾害体发生了改变地表覆盖状态的变形，理论上就能够被遥感影像检测到。当然，反过来说，地表覆盖状态的改变在绝大多数情况下可能并非由地质灾害隐患变形引起，而更多地由人类活动（如农业耕种、工程建设、植树造林等）引起。

　　综上，基于多时相光学卫星遥感变化检测的地质灾害隐患识别至少包括以下两个步骤。

　　（1）对多时相（至少两期）影像进行变化检测，剔除植被变化、水位升降等引起的变化，圈出与区域内地质灾害隐患分布空间相对匹配的成片成带变化区作为待识别区；

　　（2）针对待识别区，综合采用目视解译、专家经验判识、地面验证等方法，确定出真正的地质灾害隐患体。

6.2.2 迭代加权多元变化检测方法

遥感变化检测方法多种多样，其中迭代加权多元变化检测（iteratively reweighted multivariate alteration detection，IR-MAD）方法因在双时态、多变量和超变量影像数据挖掘中，能够高效捕捉到不稳定点的变化情况，准确地获取变化信息，受到的外界因素影响较小等，在多元影像检测变化中被广泛应用（王晓雷 等，2020；Xu et al.，2020；徐强强 等，2017；Marpu et al.，2011；Nielsen，2007）。因此，本章也主要采用 IR-MAD 方法开展光学卫星遥感变化检测与之后的无人机正射影像变化检测。

多元变化检测（multivariate alteration detection，MAD）算法是由 Nielsen（2007）、Nielsen 等（1998）提出的，其数学本质主要是多元统计分析中的典型关联分析（canonical correlation analysis，CCA）及波段差值运算，但该算法仍然不能完全改善多元遥感影像处理中的局限性。因此，Canty 和 Nielsen（2007）在 MAD 算法的基础上，结合数据分析中的一种概率理论迭代算法——最大期望（expectation maximization，EM）算法，首次提出了通过迭代计算自动获取阈值的方法，即 IR-MAD 方法。其实质是用多元随机变量表示两时相的多光谱图像，通过多元统计分析完成变化检测。在此基础上，引入一系列的权重迭代可以得到 IR-MAD 方法，与 MAD 算法一样，两者都对原始观测中的线性（仿射）变换具有不变性（徐俊峰 等，2020）。

IR-MAD 方法的核心是基于多元统计分析的 CCA 变换和 EM 算法。其设置每个像元的初始权重均为 1，然后通过每一次迭代过程不断地给两幅影像中的每个像元赋予新的权重（为避免权重过大，将其限定在区间 $[0, 1]$）。通过计算，未发现变化的像元具有较大的权重，最终得到的权重是各个像元是否变化的唯一依据。经过若干次迭代之后，每个像元的权重会逐渐趋于稳定直到不变，与此同时迭代计算也将停止。此时对每个像元的权重和阈值进行比较，以判定每个像元是属于变化还是未变化像元（Nielsen，2007）。

IR-MAD 方法的基本数学原理（徐俊峰 等，2020；Canty and Nielsen，2007；Nielsen，2007）如下。

设有两时相的多光谱影像，分别表示为 $\boldsymbol{X} = [X_1, X_2, \cdots, X_k]^{\mathrm{T}}$ 和 $\boldsymbol{Y} = [Y_1, Y_2, \cdots, Y_k]^{\mathrm{T}}$，波段数为 k，构建如下两个随机变量：

$$U = \boldsymbol{a}^{\mathrm{T}} \boldsymbol{X} = a_1 X_1 + a_2 X_2 + \cdots + a_k X_k \tag{6.1}$$

$$V = \boldsymbol{b}^{\mathrm{T}} \boldsymbol{Y} = b_1 Y_1 + b_2 Y_2 + \cdots + b_k Y_k \tag{6.2}$$

用 $U\text{-}V$ 表示影像间的变化信息，其目的是找到合适的 $\boldsymbol{a}$ 和 $\boldsymbol{b}$，使 U、V 间的相关性最小化。对此，可定义参数 ρ，求解如下两个广义特征值问题：

$$\boldsymbol{\Sigma}_{xy} \boldsymbol{\Sigma}_{yy}^{-1} \boldsymbol{\Sigma}_{xy}^{\mathrm{T}} \boldsymbol{a} = \rho^2 \boldsymbol{\Sigma}_{xx} \boldsymbol{a} \tag{6.3}$$

$$\boldsymbol{\Sigma}_{xy}^{\mathrm{T}} \boldsymbol{\Sigma}_{xx}^{-1} \boldsymbol{\Sigma}_{xy} \boldsymbol{b} = \rho^2 \boldsymbol{\Sigma}_{yy} \boldsymbol{b} \tag{6.4}$$

式中：$\boldsymbol{\Sigma}_{xx}$、$\boldsymbol{\Sigma}_{yy}$ 和 $\boldsymbol{\Sigma}_{xy}$ 分别为两时相影像的协方差矩阵及两者的交叉协方差矩阵。可以

定义如下 k 个距离度量，称为 MAD 变量：

$$M_i = U_i - V_i = \boldsymbol{a}_i^{\mathrm{T}} \boldsymbol{X} - \boldsymbol{b}_i^{\mathrm{T}} \boldsymbol{Y} \quad (i = 1, 2, \cdots, k) \tag{6.5}$$

相应地，ρ_i 称为典型相关，U_i、V_i 为典型变量，$\boldsymbol{a}_i$、$\boldsymbol{b}_i$ 为相应的特征值。典型变量与 MAD 变量互不相关，这是对 MAD 算法的限定。

令 Z 表示标准化 MAD 变量的平方和：

$$Z = \sum_{i=1}^{k} (M_i / \sigma_{M_i}^{\mathrm{NC}})^2 \tag{6.6}$$

式中：$\sigma_{M_i}^{\mathrm{NC}}$ 为未变化像元分布的方差。

一般情况下，不变化区域的观测服从正态分布并满足不相关性，则随机变量 Z 的值 z 应该服从自由度为 k 的卡方分布 $[P_{\chi^2;k}(z)]$。这就可以将变化/不变化的概率进行如下定义：

$$P_{\mathrm{r}}(\mathrm{change}) = P_{\chi^2;k}(z) \tag{6.7}$$

其中，$P_{\mathrm{r}}(\mathrm{change})$ 为变化概率，χ^2 表示卡方分布，$P_{\mathrm{r}}(\mathrm{no\ change})$ 作为 $P_{\mathrm{r}}(\mathrm{change})$ 的互补，表示卡方分布中比采样 z 大的概率。z 越小，其概率越大。前面提到的不变化概率又可以作为观测值权重使用，即不断将大的权重赋给不变化区域，将小的权重赋给变化区域，直到该过程迭代至某一条件。该条件可为固定迭代次数或典型相关 ρ 无明显变化。最后，对每个像元的变化属性进行分类，以更好地区分变化与未变化像元。

6.2.3　数据源

研究采用国产 GF-2 卫星影像。GF-2 卫星是我国自主研制的首颗空间分辨率优于 1 m 的民用光学遥感卫星，搭载有两台高分辨率 1 m 全色、4 m 多光谱相机，具有亚米级空间分辨率、高定位精度和快速姿态机动能力等特点。该卫星于 2014 年 8 月 19 日成功发射，8 月 21 日首次开机成像并下传数据，星下点空间分辨率可达 0.8 m，标志着我国遥感卫星进入了亚米级"高分时代"（刘东升 等，2020；孙伟伟 等，2020）。

GF-2 卫星相关参数及指标见表 6.1、表 6.2。

表 6.1　GF-2 卫星轨道与姿态控制参数

参数	指标
轨道类型	太阳同步回归轨道
轨道高度/km	631
轨道倾角/（°）	97.908 0
降交点地方时	10:30
回归周期/d	69

表 6.2　GF-2 卫星有效载荷技术指标

载荷	谱段号	谱段范围/μm	空间分辨率/m	幅宽/km	侧摆能力/（°）	重访时间/d
全色、多光谱相机	1	0.45～0.90	0.8	45（两台相机组合）	±35	5
	2	0.45～0.52	3.2			
	3	0.52～0.59				
	4	0.63～0.69				
	5	0.77～0.89				

本工作采用 2016 年 2 月 27 日和 2018 年 2 月 26 日两期 GF-2 卫星原始影像，包括 3.2 m 分辨率的多光谱数据（包含蓝、绿、红、近红外 4 个波段）及 0.8 m 分辨率的全色波段数据。

6.2.4　流程方法

在进行两期影像 IR-MAD 方法变化检测之前，必须针对原始影像数据进行辐射定标、大气校正、正射校正、图像融合等一系列预处理。

其中，辐射定标用于建立遥感传感器的数字量化输出值 DN 与其所对应视场中辐射亮度值之间的定量关系；大气校正是指传感器最终测得的地面目标的总辐射亮度并不是地表真实反射率的反映，其中包含了由大气吸收，尤其是散射作用造成的辐射量误差，大气校正就是消除这些由大气影响造成的辐射误差，反演地物真实表面反射率的过程；正射校正是通过在影像上选取一些地面控制点，并利用原来已经获取的该影像范围内的 DEM 数据，对影像同时进行倾斜改正和投影差改正，将影像重采样成正射影像的过程；图像融合是将多源遥感数据在统一的地理坐标系中，采用一定的算法生成一组新的信息或合成图像的过程，典型的应用是高分辨率全色图像（如 GF-2 卫星 0.8 m 分辨率的全色影像）与低分辨率多光谱图像（如 GF-2 卫星 3.2 m 的多光谱影像）数据的融合，融合后的图像既保留了多光谱图像的较高光谱分辨率，又保留了全色图像的高空间分辨率。

上述处理过程均可以在遥感图像处理软件 ENVI 中实现，具体过程不在此详述。图 6.2 为经过上述预处理后最终得到的两期 0.8 m 空间分辨率的真彩色影像。

6.2.5　变化检测识别结果

基于如图 6.2 所示的两期配准融合后的 GF-2 卫星影像，采用 IR-MAD 方法进行变化检测，结果见图 6.3。需要说明的是，图 6.3 中 IR-MAD 值的大小代表了前后两期影像的地表覆盖变化程度（值越大，变化越大；值越小，变化越小），但值本身不具有任何实际意义。

（a）2016年2月27日拍摄　　　　　　　　　（b）2018年2月26日拍摄

图 6.2 经过预处理的两期 GF-2 卫星影像（空间分辨率为 0.8 m）

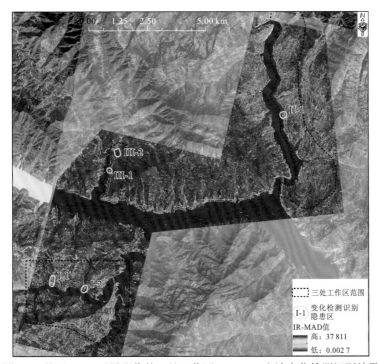

图 6.3 基于 GF-2 卫星影像的三处工作区 IR-MAD 方法变化检测识别结果

整体来看，两期影像期间（2016 年 2 月 27 日～2018 年 2 月 26 日），三处工作区内的道路沿线及乡镇所在地居民房屋集中位置等地表覆盖变化较为显著，但主要是由两期影像本身存在的光线、阴影及配准误差引起的。进一步，以岸坡下部消落带、主要交通道路两侧为重点区，采用目视解译与经验判识方法，圈定出 5 处疑似与地质灾害隐患相关的区域（图 6.3），其中沙镇溪镇周边岸坡段 2 处（编号 I-1、I-2）、吒溪河左岸段 1 处

（编号 II-1）、泄滩河左岸段 2 处（编号 III-1、III-2），具体结果见表 6.3。

表 6.3　三处工作区内疑似与地质灾害隐患相关的 GF-2 卫星变化检测与影像特征

编号	IR-MAD 方法变化检测结果	首期影像（2016-02-27）	末期影像（2018-02-26）	简要结论
I-1				位于沙镇溪镇青干河左岸谭石爬滑坡区域。这期间土体发生坍滑后，明显可见中后部出现的两期圆弧形后缘拉张裂缝，同时前部岸坡原植被覆盖区域被后期坍滑土体所代替。这表明此时间段该滑坡至少出现过两次明显坍滑变形
I-2				位于沙镇溪镇青干河左岸千将坪滑坡右侧边界外的公路外侧。此段公路沿陡崖开挖，物质倾倒在公路外侧岸坡上，形成潜在隐患体，但此时间段内变形不明显，检测出的变化主要由两期影像光线和色彩差异造成
II-1				位于吒溪河左岸赛垭村五组滑坡下游公路外（左）侧区域。该区域在 2016 年前受降雨影响时常发生土体坍滑并破坏公路，2016 年初治理完成并恢复公路；至 2018 年初外侧治理弃渣上已恢复植被生长，可见治理效果明显
III-1				位于泄滩河左岸上陈家湾滑坡下游左侧边界外的公路外（左）侧。2016 年土体裸露，原因不详；至 2018 年植被已恢复生长，可见此时间段该处未再发生变形
III-2				位于泄滩河左岸上游，即于 2019 年 12 月发生卡门子湾滑坡的区域。从两期影像中均未发现明显的先期迹象，可见该滑坡确实为早期迹象不明显的突发性岩质滑坡灾害

可以看出，在 2016 年 2 月～2018 年 2 月，通过 GF-2 卫星影像圈定的 5 处疑似隐患区中，仅 I-1 区确实在此期间发生了至少两次坍滑变形；I-2 区为人工堆积体，有变形成灾可能，但在此期间无明显变形迹象；II-1 区与 III-1 区由先期的坡面裸露变为后期的植被覆盖，表明无明显变形发生；而对于 III-2 区，虽然后来于 2019 年 12 月 10 日发生了卡门子湾滑坡，但在 2016 年与 2018 年两期影像上均未发现变形迹象，充分说明该顺层岩质滑坡确实为突发型，而且确无明显的可通过遥感影像进行识别的早期迹象。

综上，基于 GF-2 卫星多时相（至少两期）影像，利用 IR-MAD 方法，再结合目视解译与经验判识，对发生变形后引起了地表覆盖明显变化的地质灾害隐患体进行早期识别是可行的。而且，利用高分光学卫星遥感影像的优势在于其成像范围大、分辨率高，因此可以在短时间内对大范围区域进行该类型隐患的识别工作。其缺陷在于变化检测对由光线变化、植被生长荣枯、人类活动等非地质灾害引发的变化均非常敏感，因此可能造成后期目视解译判识的工作量过大。另外，分辨率为 0.8 m 左右的 GF-2 卫星影像对于识别位于山区地形、植被覆盖密集的规模较小的地质灾害隐患体，仍然不够清晰。因此，可以考虑结合更高分辨率（如 0.5 m）的光学卫星影像甚至 20 cm 以下的无人机影像，以便更精确地识别地质灾害隐患。

6.3　基于 InSAR 的隐患探测与识别

6.3.1　InSAR 技术简介

InSAR 技术具有全天候、全天时、覆盖范围广、空间分辨率高、非接触、综合成本低等优点。InSAR 技术作为雷达遥感的重要分支，其具有较强的测量能力，可以透过地表和植被获取地表信息，因此适宜于开展地质灾害普查与长期持续观测，特别是 InSAR 具有的大范围连续跟踪微小形变的特性，使其对正在发生变形的区域具有独特的识别能力（许强 等，2019）。

InSAR 是一种从空间观测地面结构变形的技术，其基本原理是以相同地区的两张合成孔径雷达（synthetic aperture radar，SAR）图像为基础数据，通过求取这两张 SAR 图像的相位差获得干涉图，再经过相位解缠从干涉条纹中获得地形高程数据（邓辉，2007；侯建国 等，2007）。

当 SAR 系统对同一地物目标进行两次或多次观测时，如果地物目标的几何位置相对于传感器发生了变化，则称为发生了形变。通过两次或多次干涉测量得到地物目标形变量的技术，称为差分合成孔径雷达干涉测量（differential interferometric synthetic aperture radar，D-InSAR）技术。因此，D-InSAR 技术适用于定量分析由滑坡、地面沉降等引起的地表变形（徐小波 等，2020；de Novellis et al.，2016；龙四春 等，2014）。

但在实际应用中，特别是在地形起伏较大的山区，InSAR 的应用效果往往受到几何畸变、时空去相干和大气扰动等因素的制约，具有一定的局限性。此外，应用 D-InSAR

技术只能监测两时相间发生的相对形变，无法获取工作区域地表形变在时间维上的演化情况，这是由该技术自身的局限性决定的（许强 等，2019；廖明生和王腾，2014）。

针对这些问题，国内外学者在 D-InSAR 的基础上，发展提出了多种时间序列 InSAR 技术，包括永久散射体合成孔径雷达干涉测量（persistent scatterer interferometric synthetic aperture radar，PS-InSAR）（Sousa et al.，2010；张景发 等，2006；李德仁 等，2004；Ferretti and Prati，2000）、小基线集合成孔径雷达干涉测量（small baseline subset interferometric synthetic aperture radar，SBAS-InSAR）（冉培廉 等，2022；李达 等，2018；Tizzani et al.，2007）、分布式散射体合成孔径雷达干涉测量（distributed scatterer interferometric syntheric aperture radar，DS-InSAR）（Lagios et al.，2013；Ferretti et al.，2011）等。这些方法通过对重复轨道观测获取的多时相雷达数据，集中提取具有稳定散射特性的高相干点目标上的时序相位信号并进行分析，反演工作区域地表形变平均速率和时间序列形变信息，能够取得厘米级甚至毫米级的形变测量精度。应用结果表明，时间序列 InSAR 技术能够有效捕捉滑坡发生前的地表形变，尤其是大面积缓慢蠕滑变形及滑坡失稳前的加速变形信号，为提前识别和发现正在缓慢蠕滑变形的滑坡隐患提供了非常有效的手段（许强 等，2019）。

上述方法中，SBAS-InSAR 是将时间和空间基线均小于给定阈值的干涉像对构成多个差分干涉图集，对相干像元的差分相位序列进行时序分析，以获取相干像元变形量时序的干涉测量方法，被公认是目前处理效果相对最好的时序分析方法，但其对雷达数据的要求也相对最多（王志红 等，2021；Tiwari et al.，2016）。本工作也主要采用 SBAS-InSAR 进行隐患探测与识别分析。

6.3.2 数据源

雷达数据源选择公益性哨兵 1 号卫星 SAR 数据。

哨兵-1A（Sentinel-1A）哥白尼环境卫星于格林尼治时间 2014 年 4 月 3 日 21 时 2 分从法属圭亚那航天中心发射升空。该卫星是欧洲"哥白尼全球监测计划"[前身为"全球环境与安全监测"计划]专用卫星的首颗星，由欧洲航天局设计和研制，由欧洲委员会（European Commission，EC）投资（付郁，2014）。

Sentinel-1A 卫星运行在太阳同步轨道上，高度为 693 km，倾角为 98.18°，轨道周期为 99 min，重复周期为 12 天。卫星采用意大利泰雷兹·阿莱尼亚宇航公司的"多应用可重构平台"，姿控系统采用三轴稳定方式。Sentinel-1A 卫星发射质量约为 2 300 kg，设计寿命为 7.25 年，燃料可维持寿命 12 年。

Sentinel-1A 卫星星上数据存储容量为 900 Gbit（寿命末期），测控链路采用 S 频段，上行链路数据传输率为 4 Kbit/s，下行链路数据传输率可分别采用 16 Kbit/s、128 Kbit/s 和 512 Kbit/s 三种速率；数传采用 X 频段，数传速率为 600 Mbit/s。此外，Sentinel-1A 卫星还装载了一台激光通信终端（laser communication terminal，LCT），为光学低轨-静轨通信链路。LCT 基于"X 频段陆地合成孔径雷达"（TerraSAR-X）卫星搭载的 LCT 设计，功率为 2.2 W，望远镜孔径为 135 mm，通过欧洲数据中继卫星（European data relay satellite，EDRS）系统下行传输记录数据。Sentinel-1A 卫星将受两个地面中心的控制，其中位于德国达姆施塔特的欧洲空间业务中心（European Space Operations Centre，ESOC）负责卫星的运行，位于意大利中部的欧洲空间研究所（European Space Research Institute，ESRIN）负责有效载荷数据的处理与存档。

Sentinel-1A 卫星携带的 C 频段 SAR 由阿斯特留姆公司研制，它继承了"欧洲遥感卫星"和"环境卫星"上 SAR 的优点，具有全天候成像能力，能提供高分辨率和中分辨率陆地、沿海与冰川的测量数据。同时，这种全天候成像能力与雷达干涉测量能力相结合，能探测到毫米级或亚毫米级地层运动（付郁，2014）。Sentinel-1A 卫星具有多种成像方式，可实现单极化、双极化等不同的极化方式。Sentinel-1A 卫星 SAR 共有 4 种工作模式：条带模式、超宽幅模式、宽幅干涉模式和波模式。

Sentinel-1A 卫星数据目前已被广泛应用于海洋、陆地、灾害应急响应等多个领域（李梦华 等，2021；Liu et al.，2020；Clerici et al.，2017），其中应用于地面变形监测的主要为宽幅干涉模式，所以进行地表形变监测多用 Sentinel-1A 卫星宽幅干涉模式 VV（极化方式）数据。

此外，还需要用到的辅助数据为高精度 DEM。航天飞机雷达地形测绘任务（shuttle radar topography mission，SRTM），由美国国家航空航天局（National Aeronautics and Space Administration，NASA）与美国国家图像测绘局（National Imagery and Mapping Agency，NIMA）联合实施。2000 年 2 月 11 日，美国发射的"奋进"号航天飞机上搭载 SRTM 系统，共计进行了 222 h 23 min 的数据采集工作，获取了北纬 60° 至南纬 60° 总面积超过 1.19×10^8 km^2 的雷达影像数据，覆盖地球 80%以上的陆地表面。SRTM 系统获取的雷达影像的数据量约为 9.8×10^{12} B，经过两年多的数据处理，制成了 DEM，即现在的 SRTM 地形数据（张朝忙 等，2012；陈俊勇，2005）。此数据产品 2003 年开始公开发布，经历多次修订，目前的数据修订版本为 V4.1 版本。SRTM 地形数据按精度可以分为 SRTM1 和 SRTM3，对应的分辨率精度分别为 30 m 和 90 m。30 m 的 SRTM DEM 数据正式应用之前，InSAR 最常用的参考 DEM 就是 SRTM 90 m 的 DEM 数据。30 m DEM 可以更精细地描述地形，在 InSAR 处理上不失为更好的参考地形。

综上，针对工作区的 InSAR 分析，采用的数据及方法见表 6.4。

表 6.4　工作区 InSAR 分析数据及方法一览表

指标	内容
卫星影像	Sentinel-1A 卫星宽幅干涉模式单视复数影像像对
极化方式	VV
入射角/（°）	39.67
轨道	升轨（飞行方向由南向北，347°）
雷达视线方向/（°）	77
成像时间	2019-01～2020-12
影像数量	24 景（每月 1 景）

续表

指标	内容
成像范围	三峡库区秭归地区
地面分辨率/m	20
辅助数据	30 m 分辨率的 SRTM DEM 数据
干涉叠加技术	SBAS-InSAR

6.3.3　SBAS-InSAR 技术流程

SBAS-InSAR 的技术流程见图 6.4，具体包括如下步骤。

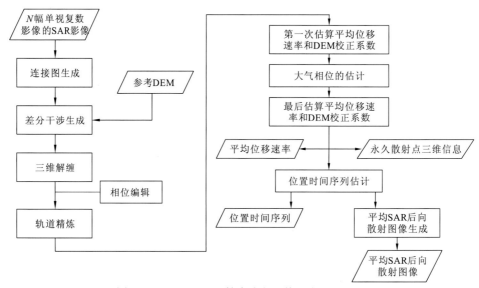

图 6.4　SBAS-InSAR 技术流程（徐恩惠，2018）

（1）基线估算：主要用来评价干涉像对的质量。

（2）干涉图生成：干涉相位图就是将覆盖同一区域的两幅雷达影像对应的相位图相减得到的一个相位差图。而这些相位差信息就是地形起伏和地表形变等的体现。

（3）相位解缠：干涉相位只能以 2π 为模，所以只要相位变化超过 2π，就会重新开始和循环，相位解缠是对去平和滤波后的相位进行解缠，从而解决 2π 模糊的问题，也就是将相位由主值或相位差值恢复至干涉图真实相位的过程。

（4）去平地效应：平地效应是高度不变的平地在干涉条纹图中表现出来的干涉条纹随距离向和方位向的变化呈周期性变化的现象，经过去平之后，图像中的相位近似表示了真实相位与参考面之间的相位差，有利于相位解缠，去平之后图像的辨识度会明显增强。

（5）滤波处理：受各种失相干因素的影响，干涉图通常会存在一定的相位噪声，这部分噪声会引起相位数据的不连续性和不一致性，而滤波可以有效地降低干涉图的潜在噪声。

（6）图像配准：在干涉测量过程中，常会出现图像的相干像元在方位向和距离向上出现偏移、拉伸或扭转的现象，为保证输出的干涉条纹具有良好的相干性，必须进行精确配准。

（7）地理编码：是将位置信息表示为地理坐标形式的过程。

用 SBAS-InSAR 对 2019 年 1 月～2020 年 12 月共 24 景 Sentinel-1A 卫星数据进行干涉处理，各像对时间基线和空间基线的连接见图 6.5。图 6.5 中绿色的点代表每期影像的成像时间，黄色的点代表作为参考的主影像的成像时间。之后，对合成的干涉图进行第一次反演、第二次反演、地理编码及栅格矢量转换，生成地表沿雷达视线方向及垂直方向的平均形变速率，进一步还可以获得任意点的时间序列形变结果。具体实现过程不在此赘述。

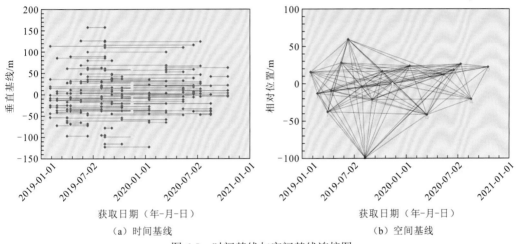

（a）时间基线　　　　　　　　　　　（b）空间基线

图 6.5　时间基线与空间基线连接图

6.3.4　结果分析

1. 整体分析

经处理后，得到的工作区地表平均形变速率分布见图 6.6。从整体上看，有以下特点。

（1）人口集中居住区域如各乡镇人民政府所在地（水田坝乡、泄滩乡、归州镇、沙镇溪镇）的房屋、桥梁等区域均存在成片数据，说明这些区域雷达数据的相干性较好，但具体形变值（如数据显示各乡镇均有-10 mm 以上的平均月沉降速率）与实际存在偏差。

（2）离水系较远的斜坡中上部甚至高程较高位置解算出了较多具有垂直向上形变过程的区域，与实际不符。

（3）部分已知变形灾害体上的解算数据较少，可能是由山区地形及密集植被覆盖导致的相干性差造成的。

（a）视线方向（NE 77°）　　　　　　　　（b）垂直方向

图 6.6　工作区地表平均形变速率分布图

2. 已知灾害体专业监测与 InSAR 沉降时序数据对比分析

进一步，以工作区内已知的正在发生变形的专业监测灾害体为对象，将其地表的 InSAR 形变数据与全球导航卫星系统（global navigation satellite system，GNSS）测量的地表位移监测数据进行时序分析对比，以定量评估 InSAR 的形变分析效果。由于不同灾害体各自沿所在斜坡的不同坡向运动，雷达卫星获取的固定视线方向的形变速率并不能代表其真实平面形变量，故以下采用垂直方向形变值进行对比分析。

1）三门洞电站滑坡

三门洞电站滑坡位于沙镇溪镇青干河右岸，即 I 区内（图 3.7）。其 GNSS 地表垂直位移监测数据（以专业监测点 ZG360 为代表）与 InSAR 沉降数据时序曲线见图 6.7。

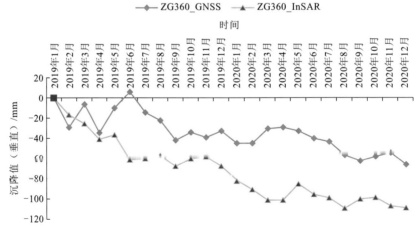

图 6.7　沙镇溪镇周边岸坡段（I 区）内三门洞电站滑坡 GNSS 地表垂直位移
与 InSAR 沉降数据对比曲线

可以看出，2019 年 1 月～2020 年 12 月，GNSS 监测表明该点累积下降了 66 mm，InSAR 数据则显示下降了 109 mm，累积沉降值相差 43 mm；但监测曲线变化趋势较为一致，均在 6～9 月下降较快，这与该滑坡每年的变形过程非常吻合。

2）卧沙溪滑坡

卧沙溪滑坡同样位于 I 区内沙镇溪镇青干河右岸（图 3.7），紧邻三门洞电站滑坡的下游位置。其 GNSS 地表垂直位移监测数据（以专业监测点 ZG387 为代表）与 InSAR 沉降数据时序曲线见图 6.8。

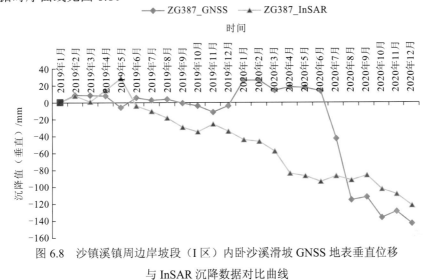

图 6.8　沙镇溪镇周边岸坡段（I 区）内卧沙溪滑坡 GNSS 地表垂直位移
与 InSAR 沉降数据对比曲线

可以看出，2019 年 1 月～2020 年 12 月，GNSS 监测表明该点累积下降了 143 mm，InSAR 数据则显示下降了 122 mm，累积沉降值仅相差 21 mm，非常接近；同时，监测曲线变化趋势也基本一致，尤其是在 2019 年 6～10 月、2020 年 9～12 月，但 2020 年 6～8 月 GNSS 监测显示的快速沉降过程未被 InSAR 捕捉到。

3）卡子湾滑坡

卡子湾滑坡位于 II 区内吒溪河左岸下游靠近河口位置（图 3.14）。其 GNSS 地表垂直位移监测数据（以专业监测点 ZG60 为代表）与 InSAR 沉降数据时序曲线见图 6.9。

看出，2019 年 1 月～2020 年 12 月，GNSS 监测表明该点累积下降了 30 mm，InSAR 数据则显示下降了 78 mm，累积相差 48 mm；但监测曲线变化趋势较为一致，尤其是 2019 年 9 月～2020 年 12 月较为吻合，即使是 2020 年 3～4 月、6～8 月、11～12 月的上升过程也是一致的。

4）马家沟 1 号滑坡

马家沟 1 号滑坡同样位于 II 区内吒溪河左岸（图 3.14），紧邻卡子湾滑坡上游。其 GNSS 地表垂直位移监测数据（以专业监测点 JC02 为代表）与 InSAR 沉降数据时序曲线见图 6.10。

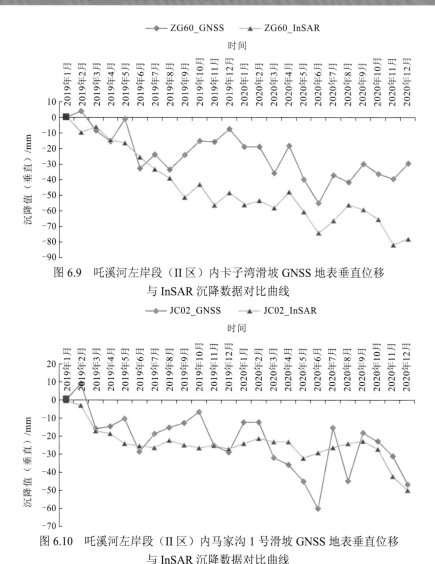

图 6.9　吒溪河左岸段（Ⅱ区）内卡子湾滑坡 GNSS 地表垂直位移
与 InSAR 沉降数据对比曲线

图 6.10　吒溪河左岸段（Ⅱ区）内马家沟 1 号滑坡 GNSS 地表垂直位移
与 InSAR 沉降数据对比曲线

可以看出，2019 年 1 月～2020 年 12 月，GNSS 监测表明该点累积下降了 47 mm，InSAR 数据显示下降了 50 mm，累积仅相差 3 mm；而监测曲线变化过程基本一致，尤其是 2020 年 9～12 月的持续下降过程非常吻合，其余时间 InSAR 数据曲线变化较为平缓，而 GNSS 监测数据显示大升大降过程，由测量误差等造成。

5）谭家湾滑坡

谭家湾滑坡位于吒溪河上游库尾位置，并未包含在工作区内，但其在 2019～2020 年发生了明显变形，因此进行对比分析是极有意义的。其 GNSS 地表垂直位移监测数据（以专业监测点 ZG331、ZG333 与 ZG397 为代表）与 InSAR 沉降数据时序曲线见图 6.11。

可以看出，2019 年 1 月～2020 年 12 月，GNSS 监测表明该滑坡累积下降了 1085～1648 mm，InSAR 数据显示最大仅下降了不到 400 mm，相差较大；从沉降过程来看，GNSS 显示该滑坡在 2019 年 1 月～2020 年 4 月变形不明显，而 2020 年 5 月之后变形明

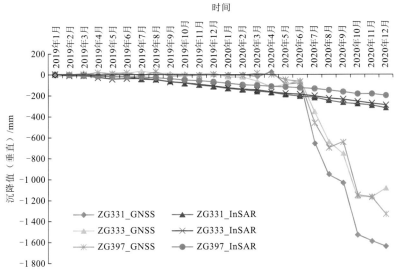

图 6.11　吒溪河上游谭家湾滑坡 GNSS 地表垂直位移与 InSAR 沉降数据对比曲线

显加快，尤其是 2020 年 7～12 月沉降显著。对比来看，InSAR 曲线呈持续均匀下沉过程。虽然两者在沉降数值上差异较大而且沉降过程有所区别（可能与变形量过大导致 InSAR 处理过程中相干性不强有关），但均监测出了明显大于其他滑坡的变形量。

由以上 5 处专业监测数据与 InSAR 数据的对比分析，可以看出：虽然累积变形量存在一定差异，但整个变化过程均基本一致，这说明 InSAR 时序监测对于本工作区（植被密集覆盖的山区地形）的滑坡变形监测仍具有一定的价值。至于两者存在的差异，应该既与 GNSS 垂直监测精度不高有关，又与 InSAR 分析源数据、处理方法及本工作区的地形地貌、地表覆盖等密切相关，值得后续深入开展研究。

3. 疑似隐患区 InSAR 形变过程分析

对于沙镇溪镇周边岸坡段，室内解译圈定的 5 处可能靶区（图 5.6 中的 I-1～I-5）的 InSAR 沉降数据时序曲线见图 6.12。

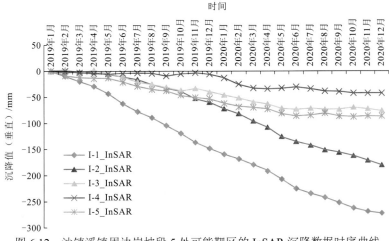

图 6.12　沙镇溪镇周边岸坡段 5 处可能靶区的 InSAR 沉降数据时序曲线

可以看出，2019 年 1 月～2020 年 12 月，各区均有沉降过程，其中以 I-1、I-2 最为明显，沉降值达到 274 mm、180 mm。另外，从变化过程来看，各点从 2019 年 12 月开始，变化速率相对加快。

对于吒溪河左岸段，室内解译圈定的 3 处可能靶区（图 5.12 中的 II-1～II-3）的 InSAR 沉降数据时序曲线见图 6.13。

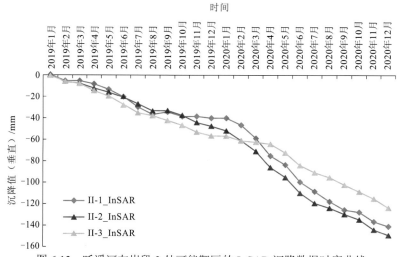

图 6.13　吒溪河左岸段 3 处可能靶区的 InSAR 沉降数据时序曲线

可以看出，2019 年 1 月～2020 年 12 月，各区均有沉降过程，总沉降值达到 123～149 mm；变化过程也较为一致，尤其是 2020 年 5～12 月，变化速率均相对加快。

对于泄滩河左岸段，室内解译圈定的 2 处可能靶区（图 5.16 中的 III-1、III-2）的 InSAR 沉降数据时序曲线见图 6.14。

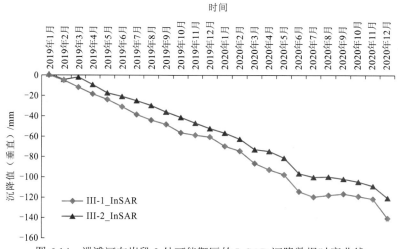

图 6.14　泄滩河左岸段 2 处可能靶区的 InSAR 沉降数据时序曲线

可以看出，2019 年 1 月～2020 年 12 月，各区也均有持续沉降过程，总沉降值达到 120～140 mm；而且变化过程也较为一致。

上述疑似隐患区 InSAR 沉降数据时序曲线所显示的变形情况与实际不太吻合，还需要结合其他方法的监测识别及地面调查等结果进行综合判识，才可能得出最终的准确结论。

综上，基于哨兵 1 号卫星数据，采用 SBAS-InSAR 形变时序分析方法，既可以获得大范围视线方向与垂直方向的平均形变速率分布图，又可以针对具体点位得出其时序变化过程数据。虽然整体形变速率分布和疑似隐患区形变时序过程似乎与实际认知情况存在一定的差异，但与 GNSS 地表位移变形专业监测数据对比发现，它们还是存在着较好的一致性。因此，InSAR 作为一种近年来开始被广泛应用的隐患监测识别技术应该继续得到重视，但要真正应用到位并且取得好的应用效果，可能还需要在数据源的选择、数据处理方法的改进、与其他识别监测手段的相互配合及针对不同工作区的具体情况（如地形地貌、地表覆盖等）采取不同的技术方案等诸多方面开展专题性的深入研究。

6.4　基于无人机摄影测量的隐患探测与识别

无人机摄影测量除了现场作业灵活方便以外，还具有成果分辨率高（≤15 cm）、成果类型丰富（三维点云、DSM、DOM、实景三维模型）等优势（黄海峰 等，2020），因此相比于高分光学卫星遥感与 InSAR 技术，其可以实现更加精细化的隐患探测与识别。

6.4.1　现场作业与室内单期成果处理

在综合考虑现场作业效率及成果精度情况下，采用大疆精灵 4 RTK 无人机（图 6.15）进行免像控现场作业。精灵 4 RTK 无人机是一款面向低空摄影测量应用的小型多旋翼高精度航测无人机（大疆创新科技有限公司，2018a），其主要特点如下。

图 6.15　大疆精灵 4 RTK 无人机（大疆创新科技有限公司，2018b）

（1）厘米级的定位精度：集成全新的实时动态（real time kinematic，RTK）模块，提供实时的厘米级精度（RTK 模块水平定位标称精度为 1.0 cm，垂直定位精度为 1.5 cm）的定位数据，显著提升图像元数据的绝对精度；RTK 模块下备有高灵敏度 GNSS，保障在弱信号环境仍能稳定飞行，显著提升飞行安全，同时为复杂的测量、测绘及巡检任务提供高精度数据；能够满足多种任务场景下的作业需求，定位系统支持连接 D-RTK 2 高精度 GNSS 移动站，也可以通过 4G 无线网卡或 WiFi 热点与 NTRIP[通过互联网进行国际海事无线电技术委员会（Radio Technical Commission for Maritime Services，RTCM）网络传输的协议]连接；系统提供卫星原始观测值与相机曝光文件，支持后处理动态（post processed kinematic，PPK）差分，不受限于通信链路与网络覆盖，作业更加灵活、高效。

（2）精准数据同步采集：为配合定位模块，采用全新的 TimeSync 系统确保无人机飞控、相机与 RTK 模块的时钟系统实现微秒级的同步，以及相机成像时刻毫秒级的误差，并对相机镜头中心点位置和天线中心点位置进行补偿；在 RTK 模块精准定位的同时，减少位置信息与相机的时间误差，使影像获得更加精确的位置信息，满足高精度航测需求。

（3）高精度成像：采用 1 in① 2 000 万像素 CMOS 传感器捕捉高清影像；机械快门支持高速飞行拍摄，消除果冻效应，有效避免建图精度降低；借助高解析度影像，在 100 m 飞行高度中的地面采样距离可达 2.74 cm。而且，每个相机镜头都经过了严格的工艺校正，以确保高精度成像；同时，畸变数据存储于每张照片的元数据中，方便用户使用后期处理软件进行针对性调整。

（4）专业航线规划：带屏遥控器内置全新 GS RTK App，提供航点飞行、航带飞行、摄影测量 2D、摄影测量 3D、仿地飞行等多种航线规划模式，同时支持 KML/KMZ 文件导入，适用于不同的航测应用场景。带屏遥控器集成 5.5 in 1080P 高亮显示屏，在强光环境下作业仍可清晰显示。

针对各期无人机现场作业获得的原始照片等数据，采用基于运动恢复结构（structure from motion，SfM）三维重建的新型摄影测量技术（Özyesil et al.，2017；Förstner and Wrobel，2016；Fonstad et al.，2013；Westoby et al.，2012；Snavely，2011；Snavely et al.，2008；Ullman，1979），借助 Pix4Dmapper 软件，生成三维点云、DSM、DOM 与实景三维模型等各工作区单期无人机遥感成果（黄海峰 等，2020）。同时，为了确保同一工作区各单期成果的精度及各期成果之间的配准精度，均基于首期成果提取控制点，然后在处理后续期次成果的过程中加入首期控制点进行校正。

按照上述作业方式，充分考虑三峡水库水位升降等情况，针对三处工作区开展无人机摄影测量，现场作业参数及生成成果特征见表 6.5。

表 6.5   三处工作区无人机摄影测量作业成果特征表

工作区	期次	作业时间 （年-月-日）	库水位 /m	照片数 /张	单期成果分辨率 /cm	配准误差/cm		
						x	y	z
沙镇溪镇 周边岸坡段	1	2019-12-31	174.17	2 109	12.37	0	0	0
	2	2020-06-16	146.02	737	13.07	0.8	0.9	22.7
	3	2020-08-17	157.49	714	12.81	1.9	1.9	17.7
	4	2021-01-02	173.07	711	12.53	0.8	1.1	15.4

---

① 1 in=2.54 cm。

工作区	期次	作业时间 （年-月-日）	库水位 /m	照片数 /张	单期成果分辨率 /cm	配准误差/cm		
						x	y	z
吒溪河左岸段	1	2020-06-17	146.11	610	13.09	0	0	0
	2	2020-09-11	154.57	717	13.31	0.5	0.4	29.5
	3	2021-01-13	170.70	619	13.30	1.7	1.7	27.7
泄滩河左岸段	1	2020-06-15	146.26	198	11.83	0	0	0
	2	2020-08-18	158.23	354	13.78	2.2	1.6	31.4
	3	2021-01-03	173.11	334	13.62	1.6	2.2	21.6

三处工作区各期次无人机 DOM 及 DSM 成果见图 6.16～图 6.18。

不难看出，采用精灵 4 RTK 无人机开展免像控摄影测量作业，得到的多期成果有以下特点。

（1）无人机遥感成果分辨率在 11～14 cm，相比于目前 30 cm 最高分辨率的商业卫星遥感影像仍具有明显优势。

（2）室内提取首期成果控制点三维坐标来校正后续期次成果，得到的平面配准误差在 2.0 cm 以内，垂直方向误差多在 20～30 cm，即其具有极高的平面精度和较差的垂直精度。这为后续通过影像变化检测与地形变化分析进行隐患识别提供了量化依据。

6.4.2 基于 DOM 变化检测的隐患识别

与基于高分光学卫星遥感影像变化检测开展隐患识别的原理一样，充分利用更高分辨率的无人机 DOM，在进行地表覆盖变化检测的基础上，结合目视解译判识，实现潜在隐患识别。变化检测方法仍然采用 IR-MAD 方法，其基本原理见 6.2.2 小节，在此不再赘述。

1. 沙镇溪镇周边岸坡段（I 区）检测识别结果

剔除无人机遥感成果外围周边畸变等误差较大的区域，然后分别对 1～2 期、2～3 期、3～4 期及 1～4 期 DOM 进行 IR-MAD 方法变化检测，结果见图 6.19。同样，图 6.19 中 IR-MAD 值的大小仅代表了前后两期影像覆盖的变化程度（值越大，变化越大；值越小，变化越小），值本身不具有任何实际意义。

整体来看，无人机监测期间（2019 年 12 月 31 日～2021 年 1 月 2 日），沙镇溪镇周边岸坡段地表覆盖未呈现较大面积的显著变化，仅存在局部零星变化。因此，根据图 6.19 的变化检测结果进一步圈定出 8 处相对明显的变化区域[图 6.19（d）]，再一一结合两期正射影像比对和目视解译进行分析，结果见表 6.6。

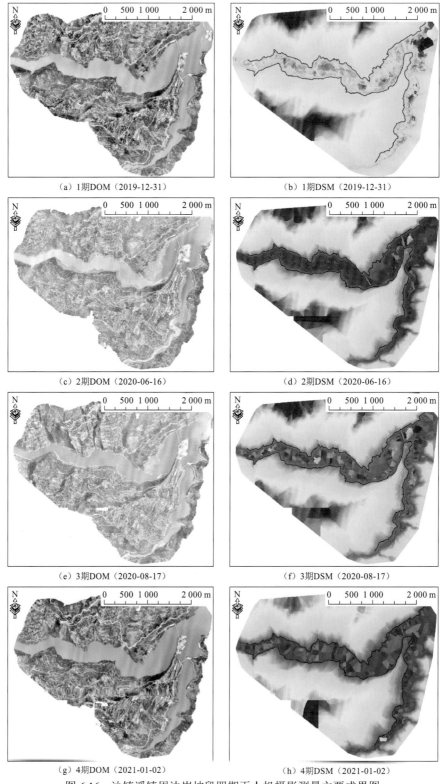

（a）1期DOM（2019-12-31）　　　　　　（b）1期DSM（2019-12-31）

（c）2期DOM（2020-06-16）　　　　　　（d）2期DSM（2020-06-16）

（e）3期DOM（2020-08-17）　　　　　　（f）3期DSM（2020-08-17）

（g）4期DOM（2021-01-02）　　　　　　（h）4期DSM（2021-01-02）

图 6.16　沙镇溪镇周边岸坡段四期无人机摄影测量主要成果图

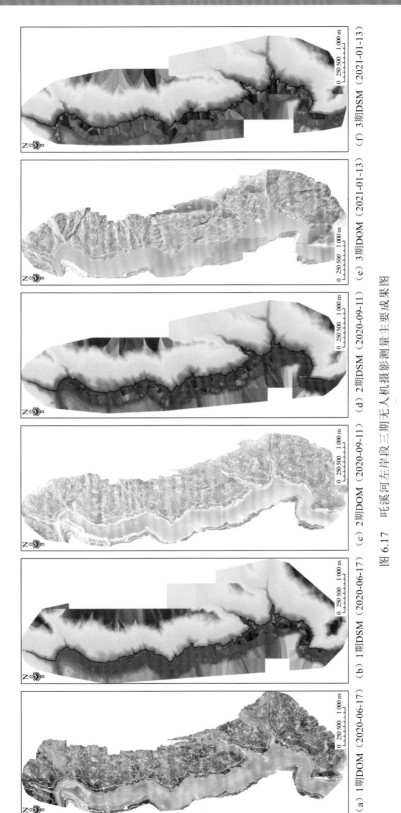

图 6.17　吒溪河左岸段三期无人机摄影测量主要成果图

（a）1期DOM（2020-06-17）　（b）1期DSM（2020-06-17）　（c）2期DOM（2020-09-11）　（d）2期DSM（2020-09-11）　（e）3期DOM（2021-01-13）　（f）3期DSM（2021-01-13）

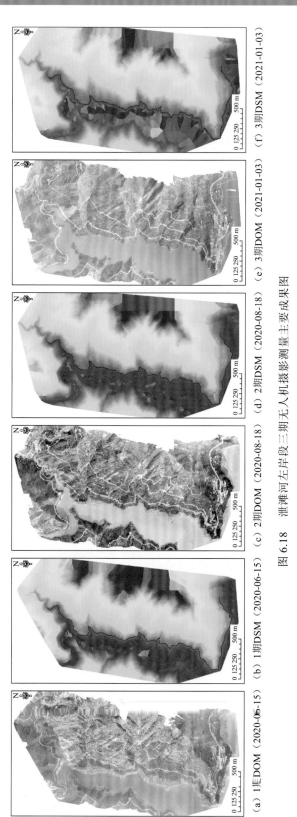

（a）1 期DOM（2020-06-15）　（b）1 期DSM（2020-06-15）　（c）2 期DOM（2020-08-18）　（d）2 期DSM（2020-08-18）　（e）3 期DOM（2021-01-03）　（f）3 期DSM（2021-01-03）

图 6.18　泄滩河左岸段三期无人机摄影测量主要成果图

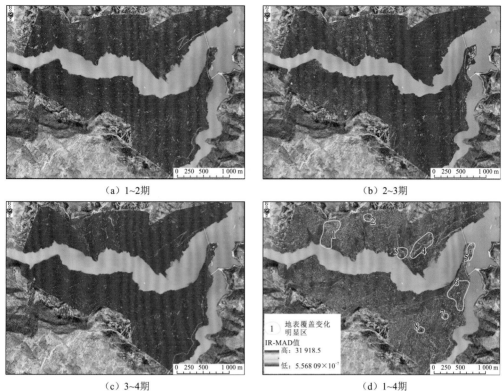

（a）1~2期　　　　　　　　　　　　　　　（b）2~3期

（c）3~4期　　　　　　　　　　　　　　　（d）1~4期

图 6.19　沙镇溪镇周边岸坡段（Ⅰ区）IR-MAD 方法变化检测结果

表 6.6　沙镇溪镇周边岸坡段（Ⅰ区）8 处地表覆盖明显变化区域特征

编号	IR-MAD 方法 变化检测结果	首期影像 （2019-12-31）	末期影像 （2021-01-02）	简要结论
1	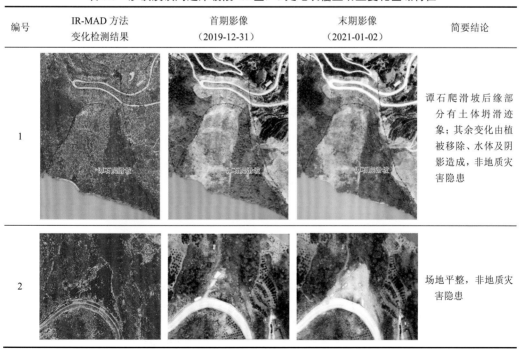			谭石爬滑坡后缘部分有土体坍滑迹象；其余变化由植被移除、水体及阴影造成，非地质灾害隐患
2				场地平整，非地质灾害隐患

续表

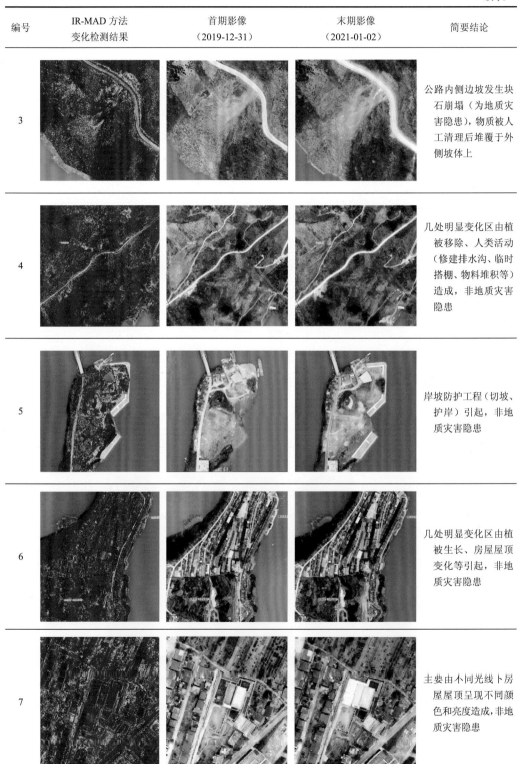

编号	IR-MAD 方法 变化检测结果	首期影像 （2019-12-31）	末期影像 （2021-01-02）	简要结论
3				公路内侧边坡发生块石崩塌（为地质灾害隐患），物质被人工清理后堆覆于外侧坡体上
4				几处明显变化区由植被移除、人类活动（修建排水沟、临时搭棚、物料堆积等）造成，非地质灾害隐患
5				岸坡防护工程（切坡、护岸）引起，非地质灾害隐患
6				几处明显变化区由植被生长、房屋屋顶变化等引起，非地质灾害隐患
7				主要由不同光线卜房屋屋顶呈现不同颜色和亮度造成，非地质灾害隐患

编号	IR-MAD 方法 变化检测结果	首期影像 （2019-12-31）	末期影像 （2021-01-02）	简要结论
8	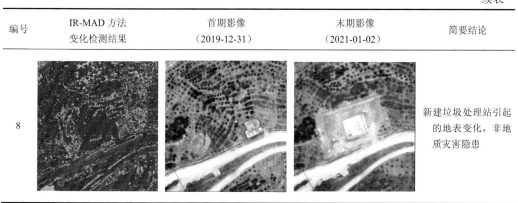			新建垃圾处理站引起的地表变化，非地质灾害隐患

可以看出，8 处明显变化区域中，仅第 1、3 处地表覆盖变化与地质灾害隐患有关，进一步识别表明青干河左岸谭石爬滑坡后缘存在土体坍滑迹象，千将坪滑坡右边界外公路内侧存在崩塌灾害（图 6.20）。而且与 GF-2 卫星变化检测结果结合起来看，第 1 处谭石爬滑坡 2016~2018 年至少发生过两次明显坍滑（表 6.3 I-1），而 2020 年则仅有后缘出现变形；第 3 处则刚好相反，2016~2018 年无明显变形（表 6.3 I-2），但 2020 年公路内侧边坡至少发生过明显的块石崩塌。

（a）谭石爬滑坡后缘土体坍滑迹象　　　（b）千将坪滑坡右边界外公路内侧崩塌

图 6.20　基于变化检测识别出的沙镇溪镇周边岸坡段两处地质灾害隐患

2. 吒溪河左岸段（II 区）检测识别结果

同样，剔除无人机遥感成果外围周边畸变等误差较大的区域，然后分别对 1~2 期、2~3 期及 1~3 期 DOM 进行 IR-MAD 方法变化检测，结果见图 6.21。

整体来看，无人机监测期间（2020 年 6 月 17 日~2021 年 1 月 13 日），吒溪河左岸段地表覆盖未呈现大面积的显著变化，而且绝大部分明显变化区位于前部归水公路及坡体上居民房屋位置，主要由归水公路的扩宽改造工程导致的光线不一致引起。根据图 6.21 的变化检测结果进一步圈定出 4 处相对明显的变化区域[图 6.21（c）]，结合正射影像比对和目视解译进行分析，结果见表 6.7。

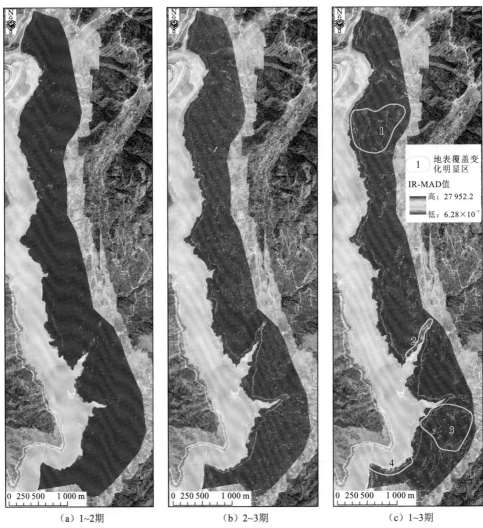

（a）1~2期   （b）2~3期   （c）1~3期

图 6.21　吒溪河左岸段（Ⅱ区）IR-MAD 方法变化检测结果

表 6.7　吒溪河左岸段（Ⅱ区）4 处地表覆盖明显变化区域特征

编号	IR-MAD 方法变化检测结果	首期影像（2020-06-17）	末期影像（2021-01-13）	简要结论
1				前部归水公路变化主要由扩宽改造及路面黑化引起，中后部房屋及水体变化主要由拍摄光线不一致造成，无法识别出滑坡形变[此处为龙口（黑石板）滑坡]引起的地表变化

续表

编号	IR-MAD 方法变化 检测结果	首期影像 （2020-06-17）	末期影像 （2021-01-13）	简要结论
2				公路扩建开挖内侧边坡并向公路外侧倾倒土石方引起变化，此位置公路内侧边坡容易出现块石崩塌灾害
3				同 1，公路变化主要由扩宽改造引起，房屋变化主要由拍摄光线不一致造成，无法识别出滑坡形变（此处为马家沟 1 号滑坡与卡子湾滑坡）
4				前部公路变化主要由扩宽改造及路面黑化引起，但公路内侧边坡同样容易出现崩塌灾害

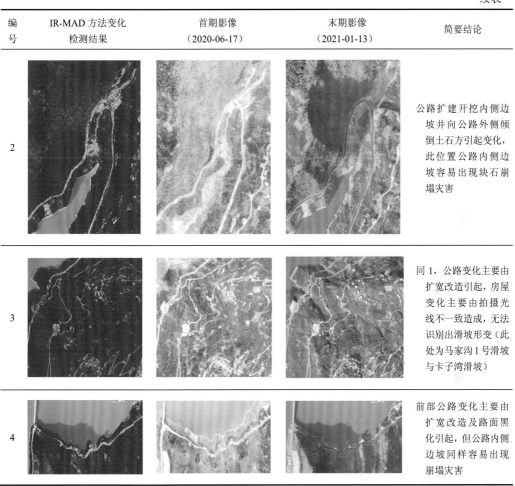

可以看出，4 处明显变化区域中，第 2、4 处地表覆盖变化与地质灾害隐患有一定的关系，识别结果表明这两处位置公路内侧岩体受几组结构面切割后形成陡倾坡体结构，容易出现块石崩塌灾害（图 6.22）。

（a）第2处　　　　　　　　　　　　　　　（b）第4处

图 6.22　基于变化检测识别出的吒溪河左岸段两处公路边坡崩塌隐患

3. 泄滩河左岸段（III区）检测识别结果

剔除无人机遥感成果外围周边畸变等误差较大的区域，然后分别对 1～2 期、2～3 期及 1～3 期 DOM 进行 IR-MAD 方法变化检测，结果见图 6.23。

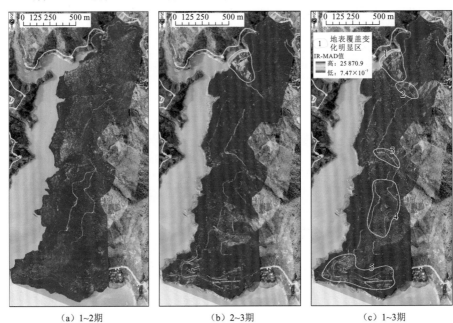

（a）1~2期　　　　　　　　　（b）2~3期　　　　　　　　　（c）1~3期

图 6.23　泄滩河左岸段（III区）IR-MAD 方法变化检测结果

整体来看，无人机监测期间（2020 年 6 月 15 日～2021 年 1 月 3 日），泄滩河左岸段地表覆盖较明显的变化主要集中在两处：一是卡门子湾滑坡区域，二是坡体中部万翁公路一线，分别是由对卡门子湾滑坡进行削坡整形应急治理工程施工及对万翁公路进行开挖、路面浇筑等引起的。其余位置的变化多是由各期次无人机影像采集时光线不一致造成的。根据图 6.23 的变化检测结果进一步圈定出 5 处相对明显的变化区域[图 6.23（c）]，结合正射影像比对和目视解译进行分析，结果见表 6.8。

表 6.8　泄滩河左岸段（III区）5 处地表覆盖明显变化区域特征

编号	IR-MAD 方法变化 检测结果	首期影像 （2020-06-15）	末期影像 （2021-01-03）	简要结论
1	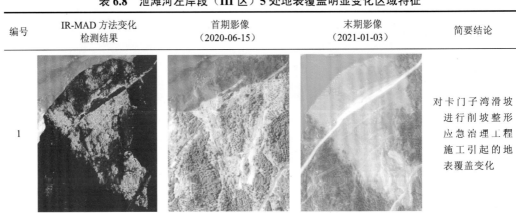			对卡门子湾滑坡进行削坡整形应急治理工程施工引起的地表覆盖变化

续表

编号	IR-MAD 方法变化检测结果	首期影像（2020-06-15）	末期影像（2021-01-03）	简要结论
2				主要由万翁公路路面浇筑引起，但右下角公路内侧边坡存在 1 处岩土体崩滑变形，属于地质灾害隐患
3				主要由万翁公路路面浇筑引起，但公路内侧边坡存在 2 处明显的岩质崩塌变形，属于地质灾害隐患
4				主要由万翁公路路面浇筑及光线不一致造成，非地质灾害隐患
5				主要由泄滩乡人民政府所在地主干公路路面黑化、房屋与步行道新建等造成，非地质灾害隐患

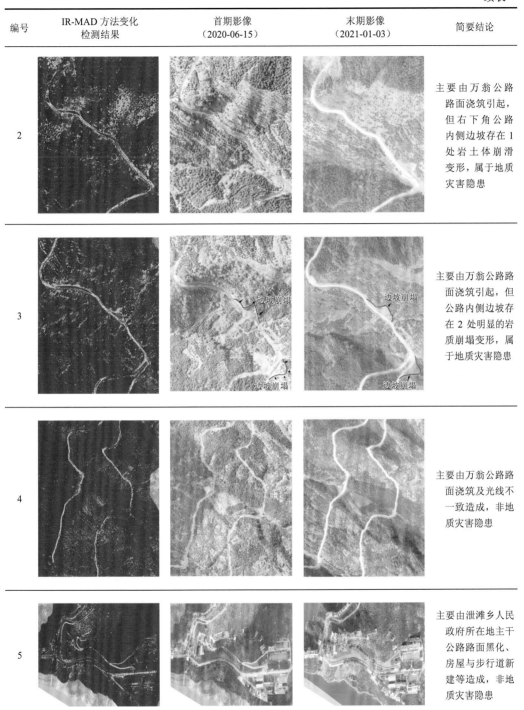

　　可以看出，5 处明显变化区域中，第 2、3 处地表覆盖变化与地质灾害隐患有一定的关系，识别结果表明这两处位置公路内侧的岩土体易发生坍滑、崩塌等灾害（图 6.24）。

（a）第2处 （b）第3处第1段 （c）第3处第2段

图 6.24 基于变化检测识别出的泄滩河左岸段 3 处公路边坡崩塌隐患

6.4.3 基于 DSM 形变探测的隐患识别

由于无人机摄影测量还可以获得高精度、高分辨率的 DSM，可以通过对工作区多期次 DSM 的差值计算，即 DoD 方法（Schürch et al.，2011），探测出垂直方向地表形态发生变化的位置，剔除误差及非真实地表形态变化（如植被生长等）后，再结合目视解译判识，也可以实现潜在隐患识别。

DoD 方法原理简单，处理速度快，尤其适用于地球表面各种空间尺度下的地表形态变化分析。虽然其只能计算垂直方向的形态变化量，但仍然适用于对绝大多数既具有平面位移又具有垂直位移的滑坡、崩塌等斜坡地质灾害隐患的探测（黄海峰 等，2020）。DoD 方法只需通过 ArcGIS 的栅格计算器就可以直接实现（图 6.25）。

图 6.25 采用 ArcGIS 栅格计算器进行两期 DSM 差值计算

1. 沙镇溪镇周边岸坡段（Ⅰ区）探测识别结果

同样，在剔除无人机遥感成果外围周边畸变等误差较大的区域后，分别对 1~2 期、2~3 期、3~4 期及 1~4 期 DSM 进行 DoD 计算；然后，根据表 6.5 得到的 z 方向的配准误差，向上最大取 23 cm 作为误差进行剔除，得到本区 DoD 结果，见图 6.26。

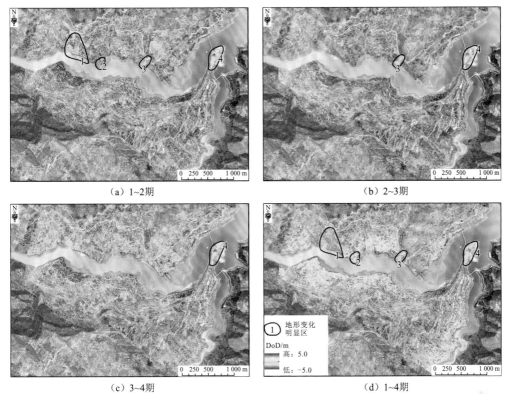

（a）1~2期　　　　　　　　　　　　　　（b）2~3期

（c）3~4期　　　　　　　　　　　　　　（d）1~4期

图 6.26　沙镇溪镇周边岸坡段（I区）DoD 地表形态变化探测结果

　　首先，从整体上可以看出：1 期（2019 年 12 月 31 日）与 2 期（2020 年 6 月 16 日）之间 DSM 表面形态增加最为明显，主要由春夏季节坡体上植被生长逐渐旺盛导致；反之，3 期（2020 年 8 月 17 日）与 4 期（2021 年 1 月 2 日）之间 DSM 形态降低最为明显，自然由进入冬季后植被落叶造成；2 期与 3 期之间变化则较小。去除植被覆盖区域，重点针对靠近水位线附近的地表裸露或植被稀疏位置进行分析，可以圈定出 3 处地形明显变化的区域，加上变化检测出的谭石爬滑坡区域（图 6.26），再结合两期影像比对和目视解译进行分析，结果见表 6.9。

表 6.9　沙镇溪镇周边岸坡段（I区）4 处 DSM 变化明显区特征

编号	DoD 结果	首期影像	末期影像	简要结论
1	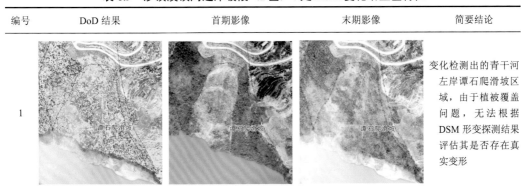			变化检测出的青干河左岸谭石爬滑坡区域，由于植被覆盖问题，无法根据 DSM 形变探测结果评估其是否存在真实变形

编号	DoD 结果	首期影像	末期影像	简要结论
2				1期与2期之间变化最为明显，主要是因为柑橘树被移除，导致 DSM 变负，非真实地质灾害隐患变形引起
3				1~3 期皆有变化，以 1~2 期变化最为显著，由公路内侧边坡块石崩塌（DSM 降低）、物质被清理堆覆于外侧坡体（DSM 增加）引起，为地质灾害隐患，与 IR-MAD 方法变化检测结果一致（即表 6.6 中位置 3）
4				1~3 期皆有变化，以 1~2 期最为显著。岸坡防护工程（坡体开挖整形与护岸等）导致 DSM 发生变化，非地质灾害隐患，与 IR-MAD 方法变化检测结果一致（即表 6.6 中位置 5）

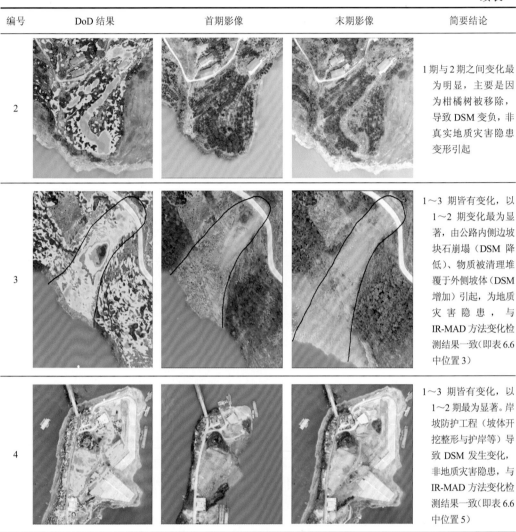

可以看出，对于变化检测出的青干河左岸谭石爬滑坡区域[表 6.6 中位置 1 及图 6.20（a）]，由于植被覆盖问题，无法根据 DSM 形变探测结果评估其是否存在真实变形。另外，3 处明显变化区域中，仅第 3 处 DSM 地形变化是由千将坪滑坡右边界外公路内侧的崩塌灾害引起的，这与变化检测结果一致[图 6.20（b）]。

2. 吒溪河左岸段（II 区）探测识别结果

同样，剔除无人机遥感成果外围周边畸变等误差较大的区域，然后分别对 1~2 期、2~3 期及 1~3 期 DSM 进行 DoD 计算；然后，根据表 6.5 得到的 z 方向的配准误差，向上最大取 30 cm 作为误差进行剔除，得到本区 DoD 结果，见图 6.27。

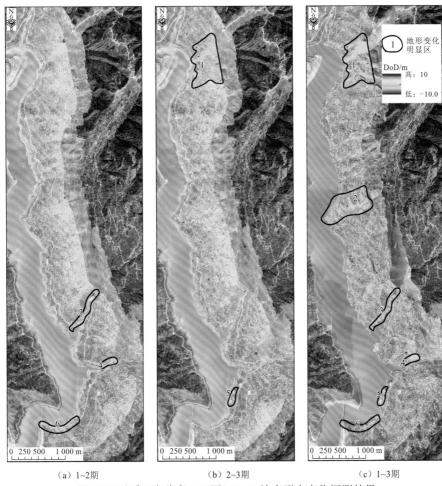

（a）1~2 期　　　　　　　　（b）2~3 期　　　　　　　　（c）1~3 期

图 6.27　吒溪河左岸段（Ⅱ区）DoD 地表形态变化探测结果

从整体上可以看出：无人机 3 期监测期间（2020 年 6 月 17 日~2021 年 1 月 13 日），DSM 表面形态变化并不明显，变化值较高的位置多位于坡体中上部，主要由成片植被生长荣枯造成。进一步地，根据图 6.27 圈定出 6 处 DSM 变化相对明显的区域，再结合两期影像比对和目视解译进行分析，结果见表 6.10。

表 6.10　吒溪河左岸段（Ⅱ区）6 处 DSM 变化明显区特征

编号	DoD 结果	首期影像	末期影像	简要结论
1	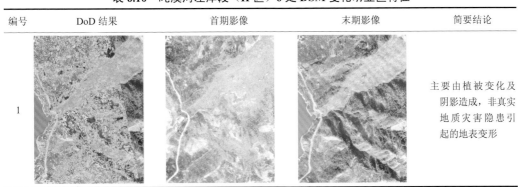			主要由植被变化及阴影造成，非真实地质灾害隐患引起的地表变形

续表

编号	DoD 结果	首期影像	末期影像	简要结论
2				主要由植被变化及阴影造成，非真实地质灾害隐患引起的地表变形
3				公路扩建开挖内侧边坡并向公路外侧倾倒土石方引起变化，此位置公路内侧边坡容易出现块石崩塌灾害，与 IR-MAD 方法变化检测结果一致（即表 6.7 中位置 2）
4				公路扩建开挖使内侧边坡出现岩质崩塌，物质倾倒至公路外侧，因此造成公路内侧 DSM 降低、外侧 DSM 增加。此位置公路内侧边坡也容易出现块石崩塌灾害
5				右侧公路 DSM 增加由路面平整、黑化造成，左侧 175 m 以上岸段 DSM 降低由土地整理等引起，非真实地质灾害隐患引起的地表变形
6				公路扩建使内侧边坡出现多处岩质崩塌，从而引起 DSM 降低，其余位置的变化则由植被与光线阴影差异造成。此位置公路内侧边坡同样容易出现块石崩塌灾害

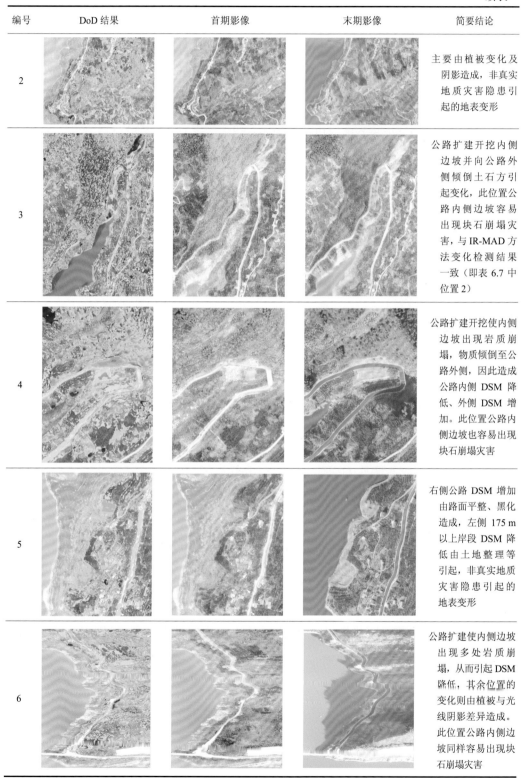

可以看出，6 处 DSM 明显变化的区域中，第 3、4、6 处是由公路路面向内扩宽，开挖内侧岩质边坡，进而诱发崩塌灾害引起的，这通过现场调查可以得到确认，其中第 3、6 处现场照片见图 6.22，第 4 处现场照片见图 3.18（a）。

3. 泄滩河左岸段（III 区）探测识别结果

剔除无人机遥感成果外围周边畸变等误差较大的区域，然后分别对 1～2 期、2～3 期及 1～3 期 DSM 进行 DoD 计算；然后，根据表 6.5 得到的 z 方向的配准误差，向上最大取 32 cm 作为误差进行剔除，得到本区 DoD 结果，见图 6.28。

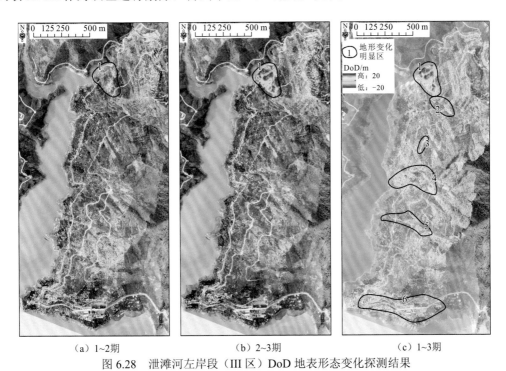

（a）1～2 期　　　　　　　　（b）2～3 期　　　　　　　　（c）1～3 期

图 6.28　泄滩河左岸段（III 区）DoD 地表形态变化探测结果

从整体上可以看出：无人机 3 期监测期间（2020 年 6 月 15 日～2021 年 1 月 3 日），以第 2、3 期（2020 年 8 月 18 日～2021 年 1 月 3 日）的 DSM 表面形态变化较为明显，至于坡体中上部 DSM 变化值较大的位置，主要由成片植被生长荣枯造成。进一步地，根据图 6.28 圈定出 6 处 DSM 变化相对明显的区域，再结合两期影像比对和目视解译进行分析，结果见表 6.11。

表 6.11　泄滩河左岸段（III 区）6 处 DSM 变化明显区特征

编号	DoD 结果	首期影像	末期影像	简要结论
1				对卡门子湾滑坡进行应急治理工程施工，其中临时公路上方以削方为主，导致 DSM 降低，下方以压脚为主，导致 DSM 增加，与 IR-MAD 方法变化检测结果一致（即表 6.8 中位置 1）
2				左上角 DSM 变化由植被移除导致，右下角公路内侧有一小型垮塌，此外路面浇筑及冲沟修整均引起 DSM 变化，为地质灾害隐患，与 IR-MAD 方法变化检测结果一致（即表 6.8 中位置 2）
3				新建公路开挖后，内侧覆盖层较厚，引起局部土体坍滑变形，后经挡土墙处理与公路路面浇筑等，引起 DSM 增加。目前来看，已暂时消除地质灾害隐患
4				左上部由植被及光线引起；上部公路内侧边坡存在 2 处明显的岩质崩塌变形，属于地质灾害隐患，与变化检测结果一致（即表 6.8 中位置 3）

编号	DoD 结果	首期影像	末期影像	简要结论
5				主要由植被变化及冲沟位置修整引起 DSM 变化，非真实地质灾害隐患
6				主要由房屋与步行道新建及植被移除等造成，非地质灾害隐患，与变化检测结果一致（即表 6.8 中位置 5）

可以看出，6 处 DSM 明显变化区域中，第 1 处由卡门子湾滑坡应急治理工程施工引起，暂时消除了该隐患；第 2、4 处由新建万翁公路开挖坡体使内侧出现岩土体崩滑引起，明显可见三处，这与变化检测结果一致，也与现场调查结果（图 6.24）一致。

6.5　本 章 小 结

利用综合遥感观测技术，重点针对易发靶区开展定量化的地表覆盖变化检测与地表形变探测，再结合遥感解译标志和经验判识实现地质灾害隐患的室内识别与圈定，是必不可少的重要技术支撑。

综合遥感探测识别的技术方案与流程为：首先通过基于高分光学卫星遥感影像的地表覆盖变化检测与基于 InSAR 的地表形变探测，进行可能隐患的天基遥感扫面识别；然后通过多期无人机摄影测量生成 DOM、DSM 等更高分辨率的遥感成果，再通过地表覆盖变化检测与 DoD 比较，实现更精细化的空基遥感详查识别。

对于地表植被覆盖密集、地形起伏较大的三处工作区来说，采用基于高分光学卫星遥感影像的地表覆盖变化检测与隐患识别及基于 InSAR 的地表形变探测的隐患识别虽然面临着严峻挑战，但仍然取得了一些认识。例如，采用两期 GF-2 卫星影像通过 IR-MAD 方法变化检测，可以识别出 4 处疑似地质灾害隐患体，同时验证了以 2019 年 12 月 10 日发生的泄滩卡门子湾滑坡为代表的顺层岩质滑坡早期无明显变形迹象，确为突发型地质灾害；基于哨兵 1 号卫星数据的 SBAS-InSAR 形变时序分析则表明，该方法获得的部分已知专业监测灾害体的地表形变时序数据与 GNSS 地表位移数据有较好的一致性，但对未知区域隐患的识别仍有待于从数据源、分析方法与区域的针对性等方面开展进一步的深入研究。

相较于天基遥感，无人机摄影测量能够得到更加精细化、类型也更加丰富多样的遥感成果，这对于地质灾害隐患识别更加有利。例如，采用基于 DOM 的变化检测方法与基于 DSM 的形变探测方法，可以准确识别出沙镇溪镇周边岸坡段（I 区）的 2 处隐患、吒溪河左岸段（II 区）的 3 处隐患、泄滩河左岸段（III 区）的 3 处隐患。

当然，从另一方面来看，无论是天基遥感还是空基遥感的定量化探测方法，只能辅助于识别那些正在发生或已经发生明显变形的地质灾害隐患。对于顺层岩质水库滑坡这种早期无明显变形迹象的隐患来说，定量化的探测方法无能为力。因此，充分理解孕灾环境与孕灾模式，建立针对性的综合遥感解译标志，然后将遥感技术方法与目视解译及经验判识结合起来，可以弥补上述缺陷，以识别出那些无明显变形迹象但有较大孕灾可能的隐患体，正如 5.3 节所做的工作。

第 7 章

地质灾害隐患综合识别
与管控建议

7.1 地面核查判识

地质灾害尤其是滑坡隐患可以被定义为以下三种类型（许强 等，2022，2019）。

（1）Ⅰ类：正在变形区。其指当前正在发生变形，且具有明显变形迹象和特征的区域或部位。

（2）Ⅱ类：历史变形破坏区。历史古老滑坡、震裂山体、长期时效变形体、集中松散堆积体等，有明显"损伤"，历史上曾经发生过明显变形，但目前可能已停止变形。

（3）Ⅲ类：潜在不稳定斜坡。天然工况下处于基本稳定或欠稳定状态，历史上未曾变形，现今也无明显变形迹象，在强烈扰动和条件改变后可能突发性失稳成灾。

对于采用综合遥感技术方法探测、识别出的工作区内目前具有明显变形甚至破坏特征的8处地质灾害隐患（即Ⅰ类隐患，表6.6~表6.8），通过两期或多期高分光学卫星遥感影像与无人机摄影测量成果比对可以直观判断，现场调查也进一步验证了这些灾害体的真实性（图6.20、图6.22、图6.24等），对此不再详述。

对于通过易发靶区圈定识别得到的10处潜在顺层岩质水库滑坡隐患（表5.7、图5.6、图5.12、图5.16），在高分光学卫星遥感影像及无人机摄影测量成果上均未得到有效探测，表明其属于Ⅱ类或Ⅲ类隐患，因此必须针对性地一一开展地面核查与经验研判，最后得出有关稳定性、易发性与隐患具体类型等的结论，该部分工作成果见表7.1。

可以看出，10处隐患体目前均处于稳定—基本稳定状态，其中6处（Ⅰ-2、Ⅰ-3、Ⅰ-4、Ⅰ-5、Ⅱ-2、Ⅲ-2）存在土体坍滑、块石掉落等灾害，暂不影响整个顺层岩质滑坡隐患体的整体稳定性。从易发性的角度来看，9处隐患体均为低易发，主要是综合判识认为这些隐患体的边界（尤其是前缘）还不具备让隐患体发生整体或大规模运动破坏的条件；但Ⅰ-2隐患体的定性评判为中易发，值得重视，主要原因在于该隐患体左、右两侧均已经发生了杉树槽滑坡、大岭西南（大水田）滑坡这两处典型的顺层岩质滑坡灾害，因此其具备典型的物质条件与边界条件，同时现场调查也发现隐患体后部及前部临空面上存在局部变形，好在这些局部变形暂时不是岩质滑坡隐患整体变形的表现。从隐患类型来看，Ⅱ-1、Ⅱ-2具有典型的古滑坡形态，因此被划分为Ⅱ类隐患体，其余8处为Ⅲ类隐患体。

另外，从地面核查结果来看，6处隐患体均存在局部变形，但遥感方法均未有效探测，一方面是变形范围有限、变形量小，另一方面是受山区地形与地表植被覆盖影响。因此，地质灾害隐患识别离不开综合遥感技术手段，如高分光学卫星遥感、InSAR、无人机摄影测量等的支撑，尤其是针对Ⅰ类正在发生显著变形破坏的隐患体。然而，其也不能成为唯一依赖的方法，尤其是针对Ⅱ类、Ⅲ类隐患体，更应高度重视对特定工作区内特定类型地质灾害隐患孕灾环境与孕灾模式的深刻认识，并以此为前提和基础再结合遥感技术方法实现综合识别。

表 7.1　工作区内顺层岩质水库滑坡隐患现场核查特征及判识结果汇总表

工作区	编号	位置	现场核查情况	特征照片	目前稳定性	易发性	隐患类型
沙镇溪镇周边岸坡段（I区）	I-1	锣坡洞河上游左岸、桑树坪滑坡向与大岭西南（大水田）滑坡中间位置（图5.7）	坡体上未发现可能构成左边界的顺坡向节理，也未发现明显变形迹象	坡体左中部未发现可能构成边界的构造面；后部基岩山脊及右侧临空地形，无变形迹象；右侧前部公路上部临空地形及顺层基岩出露	稳定	低	III类
	I-2	锣坡洞河中游左岸、下游杉树槽滑坡与上游大岭西南（大水田）滑坡双双滑动的后中间的残坡岩质坡体（图5.8）	后部存在疑似早期地面及岩体裂缝，前部房屋地坪存在长期变形裂缝，前部临空面175 m水位以下存在新近塌岸变形，均为局部变形，未发现整体变形迹象	后部存在地表裂缝等早期局部变形迹象；GPS监测墩；前缘临空地形及局部塌岸变形；前部房屋地坪有持续变形裂缝	整体稳定—基本稳定，前后部均有变形迹象	中	III类
	I-3	青干河左岸紧挨白果滑坡下游位置，其右侧部分与白果树滑坡东侧形成的桥头滑坡重叠（图5.9）	右侧桥头滑坡公路上方区域覆盖较厚的松散堆积体，专业监测和现场调查显示存在变形，其余位置及边界外基岩多出露，未发现变形迹象	右侧桥头滑坡为较厚的堆积体，存在变形；基岩出露；左侧公路上部顺层基岩盖层出露，无变形	整体稳定，右侧桥头滑坡坡存在蠕滑变形	低	III类

续表

工作区	编号	位置	现场核查情况	特征照片			目前稳定性	易发性	隐患类型
沙镇溪镇周边岸坡段（I区）	I-4	青干河左岸张家坡2号背坡位置，左侧边界内收（图5.10）	坡体中前部及右侧临空基岩出露崩塌、裂缝等局部变形，以及右侧前部公路路面裂缝等早期局部变形，未发现整体变形迹象	坡体右部公路有早期局部变形裂缝	坡体中前部基岩出露位置存在局部崩塌	坡体前部基岩出露，存在纵向裂缝	整体稳定—基本稳定，存在局部变形	低	III类
	I-5	青干河三岸最上游向周家坡滑坡位置，右侧边界外扩（图5.11）	坡体中前部公路附近存在土体坍滑等局部变形迹象，未发现整体变形迹象	坡体中前部公路存在局部土体坍滑变形	坡体中前部土体坍滑引起的挡墙开裂变形	坡体右侧临空面出露褐红色泥岩，未见变形迹象	整体稳定—基本稳定，中前部公路有土体坍滑局部变形	低	III类
吒溪河左岸段（II区）	II-1	吒溪河左岸下游段，王家岭滑坡，其右侧汇围边界外扩（图5.13）	有堆积体滑坡地形地貌，但未发现明显变形迹象	左后部外侧基岩面及内侧堆积体	左后部外侧出露基岩	右侧边界凹槽地形	稳定—基本稳定	低	II类
	II-2	吒溪河左岸中游段，潘蕊龙王庙滑坡，村五组滑坡及远家坡滑海崩家崩滑体，为一特大型基岩古滑坡（图5.14）	2014年调查与本次调查发现，滑坡中前部左侧边界存在新近变形右侧及右侧，后缘发现明显变形迹象	中部右侧村级公路路面、路基均有新近变形	中部左侧公路内侧公路内侧挡墙有新近变形	右侧后部凹槽地形	整体基本稳定，但中部右侧边界有近期变形迹象	低	II类

续表

工作区	编号	位置	现场核查情况	特征照片		目前稳定性	易发性	隐患类型
叱溪河左岸段（Ⅱ区）	Ⅱ-3	叱溪河左岸中游段的云盘居民点滑坡，右侧边界内收（图 5.15）	三棱柱块状结构，地形地貌，未发现明显变形迹象	中后部基岩山脊及右侧凹槽地形	坡体右侧深凹槽状地形	整体稳定，未发现明显变形迹象	低	Ⅲ类
泄滩河左岸段（Ⅲ区）	Ⅲ-1	泄滩河左岸上游泄滩河段上游流向变化位置（图 5.17）	未发现近期明显变形迹象	后部废弃土屋现状	前部较陡坡地形 前缘消落带陡地形	整体稳定，未见明显变形迹象	低	Ⅲ类
	Ⅲ-2	卡门子湾滑坡上游北坡东侧位置（图 5.18）	具有典型的卡门子湾滑坡地形地貌，但未发现明显变形迹象	典型"面壁结合"地形	泥岩凹槽+砂岩山脊，公路切坡后易垮块 后部凹槽地形，无明显变形迹象	整体稳定，一基本稳定，前部公路切坡后内侧有块石崩落现象	低	Ⅲ类

7.2　工作区隐患识别结果及管控建议

根据易发靶区圈定识别、综合遥感探测识别及地面核查判识结果，针对三处工作区分别编制地质灾害隐患分布专题图件，并针对各处地质灾害隐患提出管控建议，以下分区具体阐述。

7.2.1　沙镇溪镇周边岸坡段（Ⅰ区）

本区识别 5 处顺层岩质滑坡、1 处土质滑坡、1 处崩塌、1 处土体坍滑，共 8 处地质灾害隐患（图 7.1）。具体特征及管控建议见表 7.2。

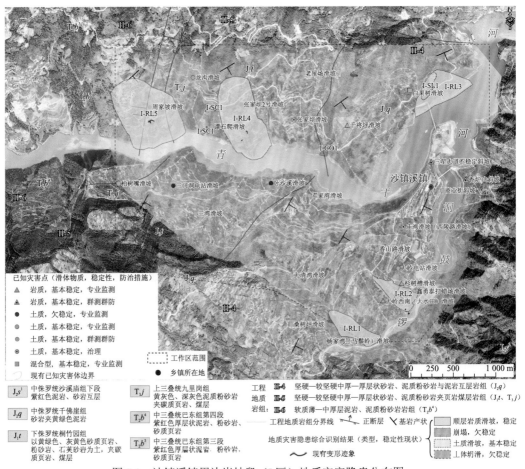

图 7.1　沙镇溪镇周边岸坡段（Ⅰ区）地质灾害隐患分布图

表 7.2　沙镇溪镇周边岸坡段（I区）地质灾害隐患特征及管控建议

隐患编号	隐患类型	位置	稳定性现状	后续管控建议
I-RL1	顺层岩质滑坡	锣鼓洞河上游左岸、桑树坪滑坡与大岭西南（大水田）滑坡中间位置	稳定，无变形迹象	开展普适型专业监测预警
I-RL2		锣鼓洞河中游左岸、下游杉树槽滑坡与上游大岭西南（大水田）滑坡双双滑动后中间的残留岩质坡体	稳定，后缘及前部存在局部变形	继续开展专业监测预警（杉树槽滑坡）
I-RL3		青干河左岸紧挨白果树滑坡下游位置，其右侧部分与白果树滑坡东侧的桥头滑坡重叠	稳定，无变形迹象	开展普适型专业监测预警
I-RL4		青干河左岸张家坝 2 号滑坡位置，左侧边界内收	基本稳定，中前部存在局部变形	
I-RL5		青干河左岸最上游的周家坡滑坡位置，右侧边界外扩	基本稳定，中前部公路附近存在局部变形	
I-SL1	土质滑坡	I-RL3 右后侧，为白果树滑坡东侧桥头滑坡的靠后部分	整体基本稳定，存在缓慢蠕滑变形	继续开展专业监测预警（白果树滑坡）
I-CO1	崩塌	横穿千将坪滑坡右侧外临空面省道公路内侧的直立岩质边坡	欠稳定，经常性发生岩质崩塌与落石危害	工程治理（公路主管部门）
I-SC1	土体坍滑	谭石爬滑坡后缘及右前部	欠稳定，局部土体坍滑	无人机监测

7.2.2　吒溪河左岸段（II区）

本区识别 3 处顺层岩质滑坡、1 处土质滑坡、3 处崩塌，共 7 处地质灾害隐患（图 7.2）。具体特征及管控建议见表 7.3。

表 7.3　吒溪河左岸段（II区）地质灾害隐患特征及管控建议

隐患编号	隐患类型	位置	稳定性现状	后续管控建议
II-RL1	顺层岩质滑坡	吒溪河左岸下游段、王家岭滑坡，其右边界范围外扩	稳定，无明显变形迹象	继续开展现有王家岭滑坡的专业监测预警
II-RL2		吒溪河左岸中游段，涵盖龙王庙滑坡、赛垭村五组滑坡及汤家坡南崩滑体，为一特大型岩质古滑坡	稳定，无明显变形迹象	开展普适型专业监测预警
II-RL3		吒溪河左岸中游段的云盘居民点滑坡，右侧边界内收	稳定，无明显变形迹象	
II-SL1	土质滑坡	II-RL2 的左侧中间部分，原龙王庙滑坡的左侧部分	基本稳定，左侧边界有近期变形迹象	开展普适型专业监测预警
II-CO1	崩塌	吒溪河左岸河口位置与卡子湾滑坡左侧边界之间公路内侧的岩质边坡	欠稳定，公路扩宽开挖使内侧边坡经常发生岩质崩塌与落石危害	工程治理（公路主管部门）
II-CO2		马家沟 2 号滑坡对面、彭家老屋东崩滑体		
II-CO3		偏岩子不稳定斜坡		

图 7.2 吒溪河左岸段（II区）地质灾害隐患分布图

7.2.3　泄滩河左岸段（III 区）

本区识别 2 处顺层岩质滑坡、1 处土体坍滑、2 处崩塌，共 5 处地质灾害隐患（图 7.3）。具体特征及管控建议见表 7.4。

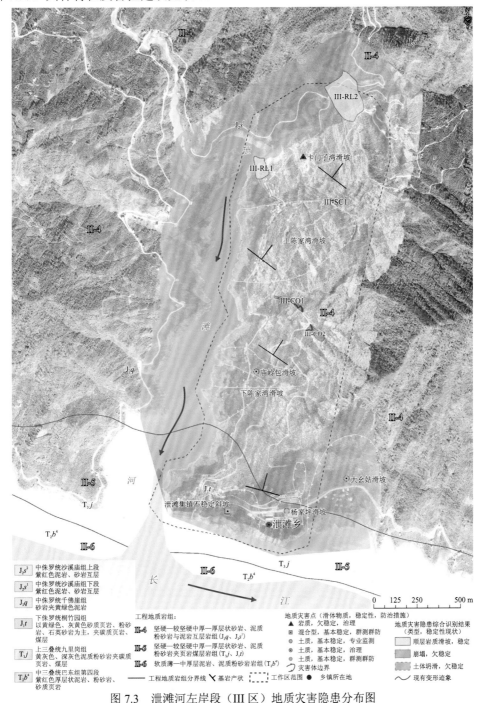

图 7.3　泄滩河左岸段（III 区）地质灾害隐患分布图

表 7.4　泄滩河左岸段（III 区）地质灾害隐患特征及管控建议

隐患编号	隐患类型	位置	稳定性现状	后续管控建议
III-RL1	顺层岩质滑坡	泄滩河左岸上游段泄滩河流向变化位置	稳定，无明显变形迹象	开展普适型专业监测预警
III-RL2		卡门子湾滑坡上游北东侧位置	稳定，无明显变形迹象	
III-SC1	土体坍滑	坡体中部新建万翁公路北段内侧南西向逆向坡	欠稳定，存在 1 处明显土体坍滑体	
III-CO1	崩塌	坡体中部新建万翁公路中段内侧南西向逆向坡	欠稳定，存在 1 处明显岩质崩塌体	工程治理（公路主管部门）
III-CO2		坡体中部新建万翁公路中段内侧北西向顺向坡	欠稳定，公路内侧存在明显岩质崩塌	

7.3　普适型专业监测预警设计

表 7.2～表 7.4 针对各隐患体给出了后续管控建议，根据具体情况主要包括：建议公路主管部门对公路边坡灾害隐患进行治理；对已经开展专业监测预警的隐患体继续实施专业监测预警；对变形相对明显且地表无密集植被等覆盖物的隐患体实施无人机监测；对其他多数隐患体实施普适型专业监测预警；等等。

在具体实施时，需要进一步对管控措施进行详细设计，以下以吒溪河左岸段 II-RL2（特大型顺层岩质滑坡隐患体）与 II-SL1（左侧边界有明显变形的土质滑坡隐患）组成（图 7.2、表 7.3）的彭家坡隐患体为对象，以国家正在大力开展的地质灾害普适型监测预警为例，简要展示如何针对识别出的地质灾害隐患进行管控设计。

7.3.1　基本情况

彭家坡隐患体位于吒溪河左岸中游段，属于秭归县归州镇彭家坡村 3 组。该隐患体范围较大，包括了已知的龙王庙滑坡、赛垭村五组滑坡及汤家坡南崩滑体（图 7.2）。

隐患体平面整体呈宽箕状，后缘高程为 410 m，前缘高程为 105 m，长约 750 m，平均宽 1 050 m，面积为 7.875×10^5 m²，推测平均厚度为 20 m，体积为 1.575×10^7 m³，为一特大型岩质古滑坡。其三维实景及边界解译特征见图 5.14。

该隐患体具有典型的古滑坡地形地貌特征，主要表现为左、右两侧及其后缘边界均为凹槽状地形构成的临空面，其由古滑坡滑动后经后期改造形成，从结构上看，呈顺层面的三棱柱状块体结构；同时，该区右侧前部还可圈出另一个结构完全一样但范围更小的 II 级隐患区，该区域在三峡水库蓄水后也曾发生过多次变形。

2014 年 8 月及 2021 年 6 月的现场调查发现，区内龙王庙滑坡左侧（原 I 号滑体，II-SL1）

（图 7.2、表 7.3）仍存在持续蠕滑变形迹象（图 5.14），具体表现为：2014 年 8 月的调查发现，左侧边界位置排水沟、蓄水池、公路路面等均存在变形迹象；2021 年 6 月的调查仍然发现，左侧新近黑化的公路路面与排水挡墙继续出现裂缝变形（表 7.1 中 II-2）。

除上述变形外，隐患体其余位置暂未发现明显新增变形迹象，整体处于稳定—基本稳定状态。综合考虑彭家坡隐患体及正在发生蠕滑变形的龙王庙 I 号滑坡，极有必要进行专业监测预警。而且该隐患体威胁众多，包括坡体上 59 户居民房屋、超过 0.25 km^2 的柑橘林地、3 km 乡村公路及吒溪河河道安全等。

7.3.2　监测网点布置

针对彭家坡潜在顺层岩质滑坡隐患体（II-RL2）（包括龙王庙 I 号滑坡，II-SL1），在坡体上共布设 8 个自动 GNSS 地表位移监测点，构成 4 个监测纵剖面，在隐患体外围稳定基岩上布设 1 个自动 GNSS 地表位移监测基点，另外布设 1 台自动雨量计。监测点平面布置见图 7.4，监测设备汇总见表 7.5。

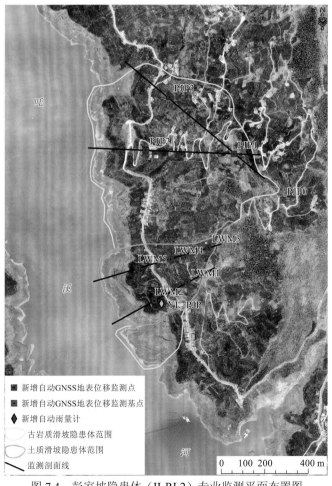

图 7.4　彭家坡隐患体（II-RL2）专业监测平面布置图

表 7.5　彭家坡隐患体专业监测设备汇总表

监测点编号	坐标		监测点类型
	经度/（°）	纬度/（°）	
PJP0	110.6**	31.0**	自动 GNSS 地表位移监测基点
PJP1	110.6**	31.0**	自动 GNSS 地表位移监测点
PJP2	110.6**	31.0**	
PJP3	110.6**	31.0**	
LWM1	110.6**	31.0**	
LWM2	110.6**	31.0**	
LWM3	110.6**	31.0**	
LWM4	110.6**	31.0**	
LWM5	110.6**	31.0**	
YL_PJP	110.6**	31.0**	自动雨量计

注："**"指隐去的坐标的后几位。

专业监测设计还应详细说明现场施工工艺与方法、监测成果分析与整理，以及经费预算等内容，在此不再赘述。

7.4　本章小结

地面核查判识是最终实现地质灾害隐患识别必不可少的收官环节。对于正在发生较明显变形的 I 类隐患，综合高分光学卫星遥感、InSAR、无人机摄影测量等可以较好地确认；对于无明显变形的 II 类、III 类隐患，必须针对性地一一进行地面核查判识。

通过现场核查判识，最终划分和识别了 20 处地质灾害隐患，其中 10 处 I 类隐患，2 处 II 类隐患，8 处 III 类隐患，具体包括：沙镇溪镇周边岸坡段（I 区）共 8 处隐患，包括 5 处顺层岩质滑坡、1 处土质滑坡、1 处崩塌、1 处土体坍滑；吒溪河左岸段（II 区）共 7 处隐患，包括 3 处顺层岩质滑坡、1 处土质滑坡、3 处崩塌；泄滩河左岸段（III 区）共 5 处隐患，包括 2 处顺层岩质滑坡、1 处土体坍滑、2 处崩塌。针对识别出的这些隐患，需要提出管控建议并进一步开展具体的防控设计。

总之，地质灾害隐患识别是前提，监测预警是手段，有效管控才是防灾减灾的最终目的。在国家近几年来大力推进地质灾害防控方式由"隐患点防控"逐步向"隐患点+风险区双控"转变的形势下，对地质灾害隐患的早期识别也提出了更高的要求，无论是在综合遥感技术方法手段的探索应用方面，还是在加强地质结构和致灾机理的分析总结方面，都值得开展持续性的深入研究和广泛实践。

参 考 文 献

柴波, 殷坤龙, 2009. 顺向坡岩层倾向与坡向夹角对斜坡稳定性的影响[J]. 岩石力学与工程学报, 28(3): 628-634.

陈俊勇, 2005. 对 SRTM3 和 GTOPO30 地形数据质量的评估[J]. 武汉大学学报(信息科学版), 30(11): 4-7.

陈玲, 贾佳, 王海庆, 2019. 高分遥感在自然资源调查中的应用综述[J]. 国土资源遥感, 31(1): 1-7.

陈自生, 1991. 浅论拱溃型顺层岩质滑坡[J]. 山地研究, 9(4): 231-235.

崔政权, 李宁, 1999. 边坡工程: 理论与实践最新发展[M]. 北京: 中国水利水电出版社.

大疆创新科技有限公司, 2018a. PHANTOM 4 RTK 用户手册(V1. 4)[EB/OL]. (2018-10-16)[2022-02-18]. https: // dl. djicdn. com/downloads/phantom_4_rtk/20181016/Phantom_4_RTK_User_Manual_v1. 4_CHS_. pdf.

大疆创新科技有限公司, 2018b. 精灵 4 RTK 介绍[EB/OL]. (2018-09-18) [2022-02-18]. https: //www. dji. com/cn/phantom-4-rtk?site=brandsite&from=nav.

邓辉, 2007. 高精度卫星遥感技术在地质灾害调查与评价中的应用[D]. 成都: 成都理工大学.

邓永煌, 黄鹏程, 易武, 等, 2018. 三峡库区秭归县沙镇溪镇岩质顺层滑坡发育规律[J]. 水电能源科学, 36(3): 128-135.

董秀军, 许强, 佘金星, 等, 2020. 九寨沟核心景区多源遥感数据地质灾害解译初探[J]. 武汉大学学报 (信息科学版), 45(3): 432-441.

杜国梁, 杨志华, 袁颖, 等, 2021. 基于逻辑回归-信息量的川藏交通廊道滑坡易发性评价[J]. 水文地质 工程地质, 48(5): 102-111.

范一大, 吴玮, 王薇, 等, 2016. 中国灾害遥感研究进展[J]. 遥感学报, 20(5): 1170-1184.

冯文凯, 顿佳伟, 易小宇, 等, 2020. 基于 SBAS-InSAR 技术的金沙江流域沃达村巨型老滑坡形变分析[J]. 工程地质学报, 28(2): 384-393.

付郁, 2014. 哨兵-1A 卫星[J]. 卫星应用(5): 73.

葛大庆, 戴可人, 郭兆成, 等, 2019. 重大地质灾害隐患早期识别中综合遥感应用的思考与建议[J]. 武汉 大学学报(信息科学版), 44(7): 949-956.

郭子正, 殷坤龙, 黄发明, 等, 2019. 基于滑坡分类和加权频率比模型的滑坡易发性评价[J]. 岩石力学与 工程学报, 38(2): 287-300.

韩用顺, 孙湘艳, 刘通, 等, 2021. 基于证据权-投影寻踪模型的藏东南地质灾害易发性评价[J]. 山地学 报, 39(5): 672-686.

何钰铭, 王金波, 金卉林, 等, 2020. 卡门子湾滑坡及周边碎屑岩岸坡劣化变形机制初步研究[J]. 资源环 境与工程, 34(4): 554-560.

侯建国, 张勤, 杨成生, 2007. InSAR 技术及其在地质灾害中的应用[J]. 测绘与空间地理信息, 30(6): 28-30, 35.

胡顺石, 黄英, 黄春晓, 等, 2021. 多源遥感影像协同应用发展现状及未来展望[J]. 无线电工程, 51(12): 1425-1433.

黄发明, 胡松雁, 闫学涯, 等, 2022. 基于机器学习的滑坡易发性预测建模及其主控因子识别[J]. 地质科技通报, 41(2): 79-90.

黄海峰, 林海玉, 吕奕铭, 等, 2017a. 基于小型无人机遥感的单体地质灾害应急调查方法与实践[J]. 工程地质学报, 25(2): 447-454.

黄海峰, 易武, 张国栋, 等, 2017b. 引入小型无人机遥感的滑坡应急治理勘查设计方法[J]. 防灾减灾工程学报, 37(1): 99-104.

黄海峰, 易武, 张国栋, 等, 2020. 地质灾害防治中的小型无人机应用方法与实践[M]. 北京: 科学出版社.

黄润秋, 2007. 20 世纪以来中国的大型滑坡及其发生机制[J]. 岩石力学与工程学报, 26(3): 433-454.

黄润秋, 陈国庆, 唐鹏, 2017. 基于动态演化特征的锁固段型岩质滑坡前兆信息研究[J]. 岩石力学与工程学报, 36(3): 521-533.

湖北省地质局水文地质工程地质大队, 2021. 湖北省秭归县地质灾害风险调查评价成果报告[R]. 荆州: 湖北省地质局水文地质工程地质大队.

金德镰, 王耕夫, 1986. 柘溪水库塘岩光滑坡[C]//中国典型滑坡. 北京: 科学出版社: 301-307.

兰恒星, 伍法权, 周成虎, 等, 2002. 基于 GIS 的云南小江流域滑坡因子敏感性分析[J]. 岩石力学与工程学报, 21(10): 1500-1506.

李达, 邓喀中, 高晓雄, 等, 2018. 基于 SBAS-InSAR 的矿区地表沉降监测与分析[J]. 武汉大学学报(信息科学版), 43(10): 1531-1537.

李德仁, 2003. 利用遥感影像进行变化检测[J]. 武汉大学学报(信息科学版), 28(S1): 7-12.

李德仁, 李明, 2014. 无人机遥感系统的研究进展与应用前景[J]. 武汉大学学报(信息科学版), 39(5): 505-513.

李德仁, 廖明生, 王艳, 等, 2004. 永久散射体雷达干涉测量技术[J]. 武汉大学学报(信息科学版), 29(8): 664-668.

李郎平, 兰恒星, 郭长宝, 等, 2017. 基于改进频率比法的川藏铁路沿线及邻区地质灾害易发性分区评价[J]. 现代地质, 31(5): 911-929.

李梦华, 张路, 董杰, 等, 2021. 四川茂县岷江河谷区段滑坡隐患雷达遥感识别与形变监测[J]. 武汉大学学报(信息科学版), 46(10): 1529-1537.

李守定, 李晓, 吴疆, 等, 2007. 大型基岩顺层滑坡滑带形成演化过程与模式[J]. 岩石力学与工程学报, 26(12): 2473-2480.

李为乐, 许强, 陆会燕, 等, 2019. 大型岩质滑坡形变历史回溯及其启示[J]. 武汉大学学报(信息科学版), 44(7): 1043-1053.

李远耀, 2007. 三峡库首区顺层基岩岸坡变形机制与稳定性研究[D]. 武汉: 中国地质大学(武汉).

李振洪, 宋闯, 余琛, 等, 2019. 卫星雷达遥感在滑坡灾害探测和监测中的应用: 挑战与对策[J]. 武汉大学学报(信息科学版), 44(7): 967-979.

梁京涛, 2018. 高烈度地震区典型地质灾害遥感早期识别及震后演化特征研究[D]. 成都: 成都理工大学.

廖明生, 王腾, 2014. 时间序列 InSAR 技术与应用[M]. 北京: 科学出版社.

刘传正, 2018. 地质灾害风险识别方法[J]. 中国地质灾害与防治学报, 29(6): 3.

刘东升, 任芳, 卫黎光, 2020. 国产高分遥感数据处理技术及典型应用[J]. 中国航天(5): 37-42.

刘广润, 晏鄂川, 练操, 2002. 论滑坡分类[J]. 工程地质学报, 10(4): 339-342.

刘新荣, 许彬, 刘永权, 等, 2020. 频发微小地震下顺层岩质边坡累积损伤及稳定性分析[J]. 岩土工程学报, 42(4): 632-641.

龙四春, 唐涛, 张赵龙, 等, 2014. DInSAR 集成 GPS 的矿山地表形变监测研究[J]. 测绘通报(11): 6-10.

卢远航, 2016. 南江县红层地区两面临空型滑坡成因机理与早期识别研究[D]. 成都: 成都理工大学.

陆会燕, 李为乐, 许强, 等, 2019. 光学遥感与 InSAR 结合的金沙江白格滑坡上下游滑坡隐患早期识别[J]. 武汉大学学报(信息科学版), 44(9): 1342-1354.

吕权儒, 曾斌, 孟小军, 等, 2021. 基于无人机倾斜摄影技术的崩塌隐患早期识别及影响区划分方法[J]. 地质科技通报, 40(6): 313-325.

佴磊, 汪发武, 1991. 层状岩体边坡破坏形式的工程地质判别[J]. 长春地质学院学报, 21(3): 327-332.

齐干, 张鸣之, 马娟, 2020. 湖北省宜昌市秭归县泄滩乡卡门子湾滑坡[J]. 中国地质灾害与防治学报, 31(3): 116.

齐信, 黄波林, 刘广宁, 等, 2017. 基于 GIS 技术和频率比模型的三峡地区秭归向斜盆地滑坡敏感性评价[J]. 地质力学学报, 23(1): 97-104.

冉培廉, 李少达, 戴可人, 等, 2022. 雄安新区 2017—2019 年地面沉降 SBAS-InSAR 监测与分析[J]. 河南理工大学学报(自然科学版), 41(3): 66-73.

三峡大学, 2021. 三峡库区秭归县地质灾害监测预警工程专业监测年报(2020 年)[R]. 宜昌: 三峡大学.

三峡大学地质灾害防治研究院, 湖北省岩崩滑坡研究所, 2009. 三峡库区秭归县和兴山县地质灾害监测预警工程专业监测简报[R]. 宜昌: 三峡大学地质灾害防治研究院.

佘金星, 许强, 杨武年, 等, 2021. 九寨沟地震地质灾害隐患早期识别与分析研究[EB/OL]. (2021-05-13) [2022-10-02]. https://doi.org/10.13544/j.cnki.jeg.2020-515.

史培军, 1996. 再论灾害研究的理论与实践[J]. 自然灾害学报, 5(4): 8-19.

史培军, 2002. 三论灾害研究的理论与实践[J]. 自然灾害学报, 11(3): 1-9.

孙伟伟, 杨刚, 陈超, 等, 2020. 中国地球观测遥感卫星发展现状及文献分析[J]. 遥感学报, 24(5): 479-510.

孙玉科, 姚宝魁, 1983. 我国岩质边坡变形破坏的主要地质模式[J]. 岩石力学与工程学报, 2(1): 67-76.

汤明高, 马旭, 张婷婷, 等, 2016. 顺层斜坡溃屈机制与早期识别研究[J]. 工程地质学报, 24(3): 442-450.

唐朝晖, 余小龙, 柴波, 等, 2021. 顺层岩质滑坡渐进破坏进入加速的能量学判据[J]. 地球科学, 46(11): 4033-4042.

田正国, 卢书强, 2012. 三峡库区泥儿湾滑坡成因机制分析及稳定性评价[J]. 资源环境与工程, 26(3): 236-239.

童立强, 郭兆成, 2013. 典型滑坡遥感影像特征研究[J]. 国土资源遥感, 25(1): 86-92.

王桂杰, 谢谟文, 邱骋, 等, 2011. 差分干涉合成孔径雷达技术在广域滑坡动态辨识上的实验研究[J]. 北京科技大学学报, 33(2): 131-141.

王兰生, 2004. 地壳浅表圈层与人类工程[M]. 北京: 地质出版社.

王鸣, 易武, 2015. 三峡库区杉树槽滑坡地质特征与成因机制分析[J]. 三峡大学学报(自然科学版), 37(5): 44-47.

王晓雷, 杨景鹏, 江涛, 等, 2020. IR-MAD 算法的遥感影像变化检测方法研究[J]. 地理信息世界, 27(3):

56-62.

王毅, 方志策, 牛瑞卿, 等, 2021. 基于深度学习的滑坡灾害易发性分析[J]. 地球信息科学学报, 23(12): 2244-2260.

王治华, 杨日红, 王毅, 2003. 秭归沙镇溪镇千将坪滑坡航空遥感调查[J]. 国土资源遥感(3): 5-9.

王志红, 任金铜, 范成成, 等, 2021. Sentinel-1A 在西南煤矿区地表沉陷监测中的适用性分析[J]. 地球物理学进展, 36(6): 2339-2350.

吴琼, 王晓晗, 唐辉明, 等, 2019. 巴东组易滑地层异性层面剪切特性及水致劣化规律研究[J]. 岩土力学, 40(5): 1881-1889.

吴远斌, 刘之葵, 殷仁朝, 等, 2022. 基于 AHP 和 GIS 技术的湖南怀化地区岩溶塌陷易发性评价与应用[J]. 中国岩溶, 41(1): 21-33.

肖诗荣, 刘德富, 胡志宇, 2010. 世界三大典型水库型顺层岩质滑坡工程地质比较研究[J]. 工程地质学报, 18(1): 52-59.

肖诗荣, 胡志宇, 卢树盛, 等, 2013. 三峡库区水库复活型滑坡分类[J]. 长江科学院院报, 30(11): 39-44.

谢谟文, 胡嫚, 杜岩, 等, 2014. TLS 技术及其在滑坡监测中的应用进展[J]. 国土资源遥感, 26(3): 8-15.

徐恩惠, 2018. SARscape 雷达图像处理软件实践[EB/OL]. (2018-09-29) [2022-10-02]. http: //www.cnblogs.com/ enviidl/p/16348653.html.

徐俊峰, 张保明, 余东行, 等, 2020. 多特征融合的高分辨率遥感影像飞机目标变化检测[J]. 遥感学报, 24(1): 37-52.

徐强强, 刘正军, 龙亚斐, 等, 2017. 面向对象的迭代加权多变量变化检测方法[J]. 遥感信息, 32(5): 57-61.

徐小波, 马超, 单新建, 等, 2020. 联合 DInSAR 与 Offset-tracking 技术监测高强度采区开采沉陷的方法[J]. 地球信息科学学报, 22(12): 2425-2435.

许冲, 戴福初, 姚鑫, 等, 2009. GIS 支持下基于层次分析法的汶川地震区滑坡易发性评价[J]. 岩石力学与工程学报, 28(S2): 3978-3985.

许冲, 戴福初, 徐锡伟, 2011. 基于 GIS 平台与证据权的地震滑坡易发性评价[J]. 地球科学: 中国地质大学学报, 36(6): 1155-1164.

许强, 2020. 对地质灾害隐患早期识别相关问题的认识与思考[J]. 武汉大学学报(信息科学版), 45(11): 1651-1659.

许强, 董秀军, 李为乐, 2019. 基于天-空-地一体化的重大地质灾害隐患早期识别与监测预警[J]. 武汉大学学报(信息科学版), 44(7): 957-966.

许强, 陆会燕, 李为乐, 等, 2022. 滑坡隐患类型与对应识别方法[J]. 武汉大学学报(信息科学版), 47(3): 377-387,

晏鄂川, 刘广润, 2004. 试论滑坡基本地质模型[J]. 工程地质学报, 12(1): 21-24.

晏同珍, 杨顺安, 方云, 2000. 滑坡学[M]. 武汉: 中国地质大学出版社.

易靖松, 2015. 川东红层滑坡的形成条件与早期识别研究[D]. 成都: 成都理工大学.

易武, 黄鹏程, 2016. 湖北省杉树槽滑坡成因机制分析[J]. 重庆交通大学学报(自然科学版), 35(3): 89-93.

殷跃平, 2018. 全面提升地质灾害防灾减灾科技水平[J]. 中国地质灾害与防治学报, 29(5): 147.

张朝忙, 刘庆生, 刘高焕, 等, 2012. SRTM 3 与 ASTER GDEM 数据处理及应用进展[J]. 地理与地理信息科学, 28(5): 29-34.

张景发, 龚利霞, 姜文亮, 2006. PS InSAR 技术在地壳长期缓慢形变监测中的应用[J]. 国际地震动态(6): 1-6.

张路, 廖明生, 董杰, 等, 2018. 基于时间序列 InSAR 分析的西部山区滑坡灾害隐患早期识别: 以四川丹巴为例[J]. 武汉大学学报(信息科学版), 43(12): 2039-2049.

张勤, 黄观文, 杨成生, 2017. 地质灾害监测预警中的精密空间对地观测技术[J]. 测绘学报, 46(10): 1300-1307.

张俊, 殷坤龙, 王佳佳, 等, 2016. 三峡库区万州区滑坡灾害易发性评价研究[J]. 岩石力学与工程学报, 35(2): 284-296.

张涛, 谢忠胜, 石胜伟, 等, 2017. 川东红层缓倾岩质滑坡的演化过程及其识别标志探讨[J]. 工程地质学报, 25(2): 496-503.

张晓东, 2005. 基于遥感影像与 GIS 数据的变化检测理论和方法研究[D]. 武汉: 武汉大学.

张艳玲, 南征兵, 周平根, 2012. 利用证据权法实现滑坡易发性区划[J]. 水文地质工程地质, 39(2): 121-125.

张永双, 吴瑞安, 郭长宝, 等, 2018. 古滑坡复活问题研究进展与展望[J]. 地球科学进展, 33(7): 728-740.

张玉明, 2018. 水库运行条件下马家沟滑坡-抗滑桩体系多场特征与演化机理研究[D]. 武汉: 中国地质大学(武汉).

张振华, 钱明明, 位伟, 2018. 基于改进破坏接近度的千将坪岸坡失稳机制分析[J]. 岩石力学与工程学报, 37(6): 1371-1384.

张倬元, 王士天, 王兰生, 1994. 工程地质分析原理[M]. 北京: 地质出版社.

赵能浩, 易庆林, 2016. 泥儿湾滑坡失稳机制及破坏后运动规律研究[J]. 防灾减灾工程学报, 36(6): 984-993.

中华人民共和国国家质量监督检验检疫总局, 中国国家标准化管理委员会, 2015. 中国地震动参数区划图: GB 18306—2015[S]. 北京: 中国标准出版社.

周昌, 2020. 水库滑坡-悬臂桩体系协同演化规律及其力学特征研究[D]. 武汉: 中国地质大学(武汉).

周定义, 左小清, 喜文飞, 等, 2021. 基于 SBAS-InSAR 技术的深切割高山峡谷区滑坡灾害早期识别[J]. 中国地质灾害与防治学报, 33(2): 1-9.

邹宗兴, 唐辉明, 熊承仁, 等, 2012. 大型顺层岩质滑坡渐进破坏地质力学模型与稳定性分析[J]. 岩石力学与工程学报, 31(11): 2222-2231.

AL-RAWABDEH A, HE F, MOUSSA A, et al., 2016. Using an unmanned aerial vehicle-based digital imaging system to derive a 3D point cloud for landslide scarp recognition[J]. Remote sensing, 8(2): 95.

ALI S A, PARVIN F, VOJTEKOVÁ J, et al., 2021. GIS-based landslide susceptibility modeling: A comparison between fuzzy multi-criteria and machine learning algorithms[J]. Geoscience frontiers, 12(2): 857-876.

BELLONI L G, STEFANI R, 1987. The Vajont slide: Instrumentation-past experience and the modern approach[J]. Engineering geology, 24(1): 445-474.

CANTY M J, NIELSEN A A, 2007. Investigation of alternative iteration schemes for the IR-MAD algorithm[C]//Image and Signal Processing for Remote Sensing XIII. Belingham: SPIE Press: 62-71.

CHOI J, OH H J, LEE H J, et al., 2012. Combining landslide susceptibility maps obtained from frequency ratio, logistic regression, and artificial neural network models using ASTER images and GIS[J]. Engineering geology, 124: 12-23.

CLERICI A, PEREGO S, TELLINI C, et al., 2006. A GIS-based automated procedure for landslide susceptibility mapping by the conditional analysis method: The Baganza valley case study (Italian Northern Apennines)[J]. Environmental geology, 50(7): 941-961.

CLERICI N, VALBUENA CALDERÓN C A, POSADA J M, 2017. Fusion of Sentinel-1A and Sentinel-2A data for land cover mapping: A case study in the lower Magdalena region, Colombia[J]. Journal of maps, 13(2): 718-726.

DE NOVELLIS V, CASTALDO R, LOLLINO P, et al., 2016. Advanced three-dimensional finite element modeling of a slow landslide through the exploitation of DInSAR measurements and in situ surveys[J]. Remote sensing, 8(8): 670.

FERRETTI A, PRATI C, 2000. Nonlinear subsidence rate estimation using permanent scatterers in differential SAR interferometry[J]. IEEE transactions on geoscience and remote sensing, 38(5): 2202-2212.

FERRETTI A, FUMAGALLI A, NOVALI F, et al., 2011. A new algorithm for processing interferometric data-stacks: SqueeSAR[J]. IEEE transactions on geoscience and remote sensing, 49(9): 3460-3470.

FÖRSTNER W, WROBEL B, 2016. Photogrammetric computer vision: Statistics, geometry, orientation and reconstruction[M]. Switzerland: Springer International Publishing.

FONSTAD M A, DIETRICH J T, COURVILLE B C, et al., 2013. Topographic structure from motion: A new development in photogrammetric measurement[J]. Earth surface processes and landforms, 38(4): 421-430.

GÖRÜM T, 2019. Landslide recognition and mapping in a mixed forest environment from airborne LiDAR data[J]. Engineering geology, 258: 105155.

GUO C, MONTGOMERY D R, ZHANG Y, et al., 2015. Quantitative assessment of landslide susceptibility along the Xianshuihe fault zone, Tibetan Plateau, China[J]. Geomorphology, 248: 93-110.

HUANG B, ZHENG W, YU Z, et al., 2015. A successful case of emergency landslide response - the Sept. 2, 2014, Shanshucao landslide, Three Gorges Reservoir, China[J]. Geoenvironmental disasters, 2(1): 1-9.

HUANG H, LONG J, LIN H, et al., 2017a. Unmanned aerial vehicle based remote sensing method for monitoring a steep mountainous slope in Three Gorges Reservoir, China[J]. Earth science informatics, 10(3): 287-301.

HUANG H, LONG J, YI W, et al., 2017b. A method for using unmanned aerial vehicles for emergency investigation of single geo-hazards and sample applications of this method[J]. Natural hazards and earth system sciences, 17(11): 1961-1979.

HUANG H, SONG K, YI W, et al., 2019. Use of multi-source remote sensing images to describe the sudden Shanshucao landslide in the Three Gorges Reservoir, China[J]. Bulletin of engineering geology and the environment, 78(4): 2591-2610.

INTRIERI E, RASPINI F, FUMAGALLI A, et al., 2018. The Maoxian landslide as seen from space: Detecting precursors of failure with Sentinel-1 data[J]. Landslides, 15(1): 123-133.

JABOYEDOFF M, OPPIKOFER T, ABELLÁN A, et al., 2012. Use of LIDAR in landslide investigations: A review[J]. Natural hazards, 61(1): 5-28.

JIAN W, XU Q, YANG H, et al., 2014. Mechanism and failure process of Qianjiangping landslide in the Three Gorges Reservoir, China[J]. Environmental earth sciences, 72(8): 2999-3013.

KOMAC M, 2006. A landslide susceptibility model using the analytical hierarchy process method and multivariate statistics in perialpine Slovenia[J]. Geomorphology, 74(1/2/3/4): 17-28.

LACROIX P, BIÈVRE G, PATHIER E, et al., 2018. Use of Sentinel-2 images for the detection of precursory motions before landslide failures[J]. Remote sensing of environment, 215: 507-516.

LAGIOS E V, SAKKAS V, NOVALI F, et al., 2013. SqueeSAR™ and GPS ground deformation monitoring of Santorini Volcano (1992—2012): Tectonic implications[J]. Tectonophysics, 594: 38-59.

LAN H X, ZHOU C H, WANG L J, et al., 2004. Landslide hazard spatial analysis and prediction using GIS in the Xiaojiang watershed, Yunnan, China[J]. Engineering geology, 76(1/2): 109-128.

LI L, LAN H, GUO C, et al., 2017. A modified frequency ratio method for landslide susceptibility assessment[J]. Landslides, 14(2): 727-741.

LIU Y, QIAN J, YUE H, 2020. Combined Sentinel-1A with Sentinel-2A to estimate soil moisture in farmland[J]. IEEE journal of selected topics in applied earth observations and remote sensing, 14: 1292-1310.

LONG J, LIU Y, LI C, et al., 2020. A novel model for regional susceptibility mapping of rainfall-reservoir induced landslides in Jurassic slide-prone strata of western Hubei Province, Three Gorges Reservoir area[J]. Stochastic environmental research and risk assessment, 35(7): 1403-1426.

MA H, CHENG X, CHEN L, et al., 2016. Automatic identification of shallow landslides based on Worldview2 remote sensing images[J]. Journal of applied remote sensing, 10(1): 16008.

MARPU P R, GAMBA P, CANTY M J, 2011. Improving change detection results of IR-MAD by eliminating strong changes[J]. IEEE geoscience and remote sensing letters, 8(4): 799-803.

MEZAAL M R, PRADHAN B, 2018. An improved algorithm for identifying shallow and deep-seated landslides in dense tropical forest from airborne laser scanning data[J]. Catena, 167: 147-159.

MÜLLER-SALZBURG L, 1987. The Vajont slide[J]. Engineering geology, 24(4): 513-523.

NIELSEN A A, 2007. The regularized iteratively reweighted MAD method for change detection in multi- and hyperspectral data[J]. IEEE transactions on image processing, 16(2): 463-478.

NIELSEN A A, CONRADSEN K, SIMPSON J J, 1998. Multivariate alteration detection (MAD) and MAF postprocessing in multispectral, bitemporal image data: New approaches to change detection studies[J]. Remote sensing of environment, 64(1): 1-19.

NIETHAMMER U, JAMES M R, ROTHMUND S, et al., 2012. UAV-based remote sensing of the Super-Sauze landslide: Evaluation and results[J]. Engineering geology, 128: 2-11.

NOTTI D, WRZESNIAK A, DEMATTEIS N, et al., 2021. A multidisciplinary investigation of deep-seated landslide reactivation triggered by an extreme rainfall event: A case study of the Monesi di Mendatica landslide, Ligurian Alps[J]. Landslides, 18(7): 2341-2365.

OUYANG C, ZHAO W, AN H, et al., 2019. Early identification and dynamic processes of ridge-top rockslides: Implications from the Su Village landslide in Suichang County, Zhejiang Province, China[J]. Landslides, 16(4): 799-813.

ÖZYESIL O, VORONINSKI V, BASRI R, et al., 2017. A survey of structure from motion [J]. Acta numerica, 26: 305-364.

RÓŻYCKA M, MICHNIEWICZ A, MIGOŃ P, et al., 2015. Identification and morphometric properties of landslides in the Bystrzyckie Mountains (Sudetes, SW Poland) based on data derived from airborne LiDAR[J]. Geomorphometry for geosciences, 1: 247-250.

SCHÜRCH P, DENSMORE A L, ROSSER N J, et al., 2011. Detection of surface change in complex topography using terrestrial laser scanning: Application to the Illgraben debris-flow channel[J]. Earth surface processes and landforms, 36(14): 1847-1859.

SNAVELY N, 2011. Scene reconstruction and visualization from internet photo collections: A survey[J]. IPSJ transactions on computer vision and applications, 3: 44-66.

SNAVELY N, SEITZ S M, SZELISKI R, 2008. Modeling the world from internet photo collections[J]. International journal of computer vision, 80(2): 189-210.

SOUSA J J, RUIZ A M, HANSSEN R F, et al., 2010. PS-InSAR processing methodologies in the detection of field surface deformation: Study of the Granada basin (Central Betic Cordilleras, southern Spain)[J]. Journal of geodynamics, 49(3/4): 181-189.

STROKOVA L, 2022. Landslide susceptibility zoning in surface coal mining areas: A case study Elga field in Russia[J]. Arabian journal of geosciences, 15(2): 1-17.

TIWARI A, DWIVEDI R, DIKSHIT O, et al., 2016. A study on measuring surface deformation of the L'Aquila region using the StaMPS technique[J]. International journal of remote sensing, 37(4): 819-830.

TIZZANI P, BERARDINO P, CASU F, et al., 2007. Surface deformation of Long Valley caldera and Mono Basin, California, investigated with the SBAS-InSAR approach[J]. Remote sensing of environment, 108(3): 277-289.

TOFANI V, SEGONI S, AGOSTINI A, et al., 2013. Technical note: Use of remote sensing for landslide studies in Europe[J]. Natural hazards and earth system science, 13(2): 299-309.

TURNER D, LUCIEER A, DE JONG S, 2015. Time series analysis of landslide dynamics using an unmanned aerial vehicle (UAV)[J]. Remote sensing, 7(2): 1736-1757.

ULLMAN S, 1979. The interpretation of structure from motion[J]. Proceedings of the royal society of London. Series B, biological sciences, 203(1153): 405-426.

WANG F, ZHANG Y, HUO Z, et al., 2004. The July 14, 2003 Qianjiangping landslide, Three Gorges Reservoir, China[J]. Landslides, 1(2): 157-162.

WESTOBY M J, BRASINGTON J, GLASSER N F, et al., 2012. 'Structure-from-Motion' photogrammetry: A low-cost, effective tool for geoscience applications[J]. Geomorphology, 179: 300-314.

XU G, LI W, YU Z, et al., 2015. The 2 September 2014 Shanshucao landslide, Three Gorges Reservoir, China[J]. Landslides, 12(6): 1169-1178.

XU G, LI H, ZANG Y, et al., 2020. Change detection based on IR-MAD model for GF-5 remote sensing imagery[J]. IOP conference series materials science and engineering, 768(7): 072073.

YANG W, WANG Y, SUN S, et al., 2019. Using Sentinel-2 time series to detect slope movement before the Jinsha River landslide[J]. Landslides, 16(7): 1313-1324.

YIN Y, HUANG B, ZHANG Q, et al., 2020. Research on recently occurred reservoir-induced Kamenziwan rockslide in Three Gorges Reservoir, China[J]. Landslides, 17(8): 1935-1949.

ZHANG Y, LAN H, LI L, et al., 2020. Optimizing the frequency ratio method for landslide susceptibility assessment: A case study of the Caiyuan Basin in the southeast mountainous area of China[J]. Journal of mountain science, 17(2): 340-357.